こんなまちに住みたいナ

絵本が育む暮らし・まちづくりの発想

延藤安弘

晶文社

デザイン　ＡＳＹＬ（佐藤直樹＋菊地昌隆）

こんなまちに住みたいナ

絵本が育む暮らし・まちづくりの発想

もくじ

III 「あいだ」づくりを大切にする――コミュニティ篇

はじめに

人は本来、生きることや住まうことやまちを育むことに向けての気持ちや行動を自由にもつ存在です。しかし、世の中ままならぬことが充満し、日常という強い惰性のもとにそれが封殺されています。そんな人間の心の「扉」を開かせるのが「絵本の力」だと、私は感じてきました。

なぜならば、絵本は「ことば」と「絵」という二つの異なるコミュニケーション手法が織りなす、ほかに類を見ないアートとして際立っているからです。アートとは「生きる喜び」の表現ですから、絵本は、日々の仕事や人生そのものに疲れた大人の心にホッとする気持ちと希望を授けてくれるのです。例えば僕自身、人生の節々で絵本に触れて、おどろきの瞬発力や、物語のユニークさや、言葉の詩的表現と絵の美しさへのあこがれや、ユーモアを楽しむゆとりや、かくありたいと願う等の「絵本の力」を感じ、味わってきました。研究・教育・実践・生活の面において、どれだけ自由に発想するヒントやきっかけを得てきているでしょうか。

本書のねらいは、そうした「絵本の力」によって現代に生きる大人の疲弊した精神を徐々に回復し、自分らしい生き方と暮らし・まちづくりに向けての自らの思考の地平を取り戻すことにあります。

では、なぜ自由な発想をすると、暮らしやまちの育みに目がいくようになるのでしょうか？　大人の努めは、愛することと働くことだと私は思っています。そして、その両者をゆるやかに包むようにつなぐ暮らしのある場が「まち」です。よりよく愛し働くために、必然的に「まち」が必要になるのです。

子どもをみんなの中で育む場、子どもが身近な生命ある自然に触れて冒険できる場、子どももお年寄りもさりげなく交える場、ひとりぼっちの人々をお世話したくなる場、窓をあけると空をゆく雲や花の蕾がふくらむのを眺められる場、地域の歴史や伝統を愛でられる場、自分の得意技をまわりにも譲り渡していく場、先達の知恵や力を次世代に継承していく場、若者の歌声や提案に耳を傾ける場、苦楽の体験をいきいきと表現していく場、このまちに生きるリズムに誇りをもてる場、それを壊す力に抗いリズムのもたらす生きる喜びを分かちあう場……人にとって「まち」とは、辛いことも多いが人生は基本的にいいもんだと思える場なのです。

絵本を開くと、住みたいナ、暮らしたいナと思う「まち」が立ち現れます。絵本の中には、ヒトやモノがいきいきと活動する空間があり、ページをめくっていくごとにトキが流れ、コトが動いていきます。

思いがけない絵本との出会いによって、「まだまだイケル」と思う想像力を、あきらめないで問題を解決していく好奇心を、人々が自然とつながろうとする感覚などを、取り戻し養ってください。「とらわれ」から解き放たれ、自由な発想と人生を楽しむ機会が増えることを願っています。

序――絵本の力

絵本には「まだまだイケル」という想像力をかきたててくれる不思議な力があります。なぜならば、絵本には「真面目・勤勉・管理」に縛られたかたくなに閉じた心の「扉」を開かせる三つの視点がひしめいているからです。その三つの視点とは、「笑い」「楽しさ」「あいだ」です。これら三つのテーマは相互に連関し、相互に浸透しあっていますが、ひとつひとつについてその意義を考えてみましょう。心が自由になれば、「こんな生き方がしたい」、みんなと「こんな暮らしがしたい」、ひいては「こんなまちに住みたいナ」を実現するための、たくさんの知恵を授けられることでしょう。

「笑い」が突破口をつくる

「こんなまちに住みたいナ」をイメージする心の「扉」の第一の視点は、「笑い」です。「笑い」には精神の内からの自由が触発される働きがあります。例えば『3びきのかわいいオオカミ』(トリビザス文、オクセンバリー絵、こだまともこ訳、冨山房、

1章参照）には五つの笑いの側面がみられます。[注1]ひとつは物語の枠組そのものが笑えることです。というのは有名な『三びきのこぶた』のお話のパロディになっているからです。

二つ目に、「おかしさの笑い」にひたされています。冒頭オオカミのお母さんが三びきのかわいいオオカミに、自立のために家をつくりなさい、と命じながら「目つきの悪い大ブタが世間にいることに注意を」といいます。「目つきの悪い大ブタ」はキャラクターとして秀逸です。滑稽にユーモラスに描かれていて、読む者に特有の面白さを感じさせてくれます。

三つ目に、ページをめくる「間（ま）」に笑いが起こる仕掛けがあります。レンガの家もコンクリートの家も次々と破壊され、最強の家をつくった後には、いったい何が起こるか、読者は頁をめくりながらドキドキと待ちます。ついには「ダイナマイトで爆破」というありえない衝撃的出来事に至り、瞬間みる者に「間」の笑いを誘い出します。

四つ目に、「うれしさの笑い」。あれだけワルサをした大ブタが「花の家」の前で美しさと香りに、うっとりし微笑み始めます。大ブタは「この家はエエ匂いやなあ。匂いは英語

注1　小馬徹他著『笑いのコスモロジー』勁草書房、一九九九年

でスメルといううけれど、この家はうまく住めるのではないか」といいます（これは、筆者のジョーク）。ともあれ、人はうれしいことや、喜ばしいことに出会うと笑うのです。その瞬間、それまでの対立は融合の世界に変化していきます。

五つ目は、「交感の笑い」です。ひとたび対立が対話にシフトすると、ハラッパでともに遊び、気持ちの交流による笑いが生まれます。三びきのかわいいオオカミと大ブタはともに住み始めることでこの絵本は終わります。

登場人物が笑いをささそうように巧みに描かれ、三びきのかわいいオオカミの兄弟の表情も微妙に差がありおかしみがあります。『3びきのかわいいオオカミ』に代表されるように、絵本には「くすくす笑い」から「心の底からの笑い」に至るまで、笑いの幅広い世界が渦まいています。

絵本には人間性に富んだ意味深い笑いが隠されており、私たちを豊かにしてくれ自由な想像力の翼をひろげるための心の「扉」を開けてくれるのです。

「楽しさ」を旨とする

第二に発想転換への「扉」を開かせる鍵は、「楽しさ」です。笑いを伴う楽しさは生きることの自由な心の「扉」を開かせる大切な役割を果たします。例えば『まあちゃんのながいかみ』（たかどのほうこ、福音館書店）には、状況を変える自由なイメージへのサプライズがみなぎっています。

髪の短いまあちゃんは、髪の長い友だちを超えたいという思いを次々とつぶやきます。先ず、「橋の上からおさげをたらして魚がつれるくらい」という「あこがれの気持ち」。次いで「自分の髪の毛でのりまきみたいにしてくる」「まけばふかふかふとんになる」ことへの「ねがい」を。さらに「左右のおさげを木と木の間に張って、家中の洗濯物全部いっぺんに干す。その間に本を一〇冊読んでお手伝いありがとう、とお母さんにいわれる」ことを「こころして待つ」気持ちを。友だちは「そんな長い髪の毛はどうして洗うの」というと、まあちゃんは「シャンプーつけて洗うと、雲までとどく大きなソフトクリームになる」という「素晴らしい」イメージを、「川の岸にねそべって髪をきれいにゆすいだら川の昆布のようになる」ような「面白おかしいこと」を思い浮かべます。

絵本の中の「楽しさ」は、「あこがれ」「ねがい」「こころして待つ」「素晴らしいこと」「面白おかしいこと」等が意表をつくかたちで表現され、読む者、見る者に発想の転換へのテコを与えてくれます。

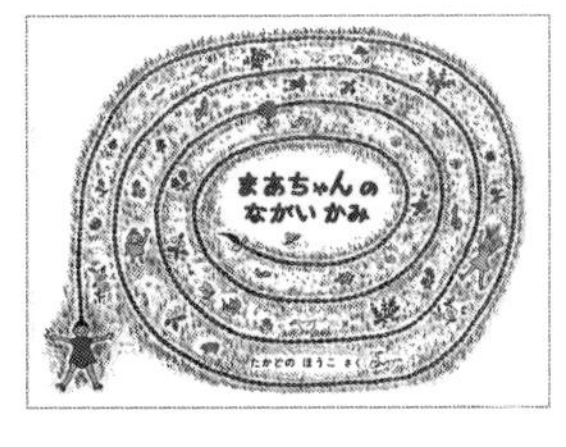

たかどのほうこ『まあちゃんのながいかみ』福音館書店、一九九五年

「あいだ」を大切にする

生きることとまちを育むことに向けての発想転換のキーワードの第三は、「間（あいだ）」です。「笑い」や「楽しさ」は、個人の内側に閉じこもっていてはかなわぬことです。そこには他者とのつながり、開くことと閉じることの「間」が必要です。例えば『はじめてのおつかい』（筒井頼子、林明子絵、福音館書店、11章参照）を開けてみましょう。

お母さんからはじめておつかいを頼まれたみいちゃんが歩く道すがらの風景には、内と外の間をへだてる固い塀もあれば、程よい風と視線を通す柔かい生垣もあります。ヒトとモノの間につながりを断絶する場合と連続する場合があることがわかります。花屋も駄菓子屋もパン屋も、まちに開かれ中に入ると店の人との会話、ヒトとヒトのつながりがあります。あるところでは、ゆっくり歩くみいちゃんは早いスピードで走ってくる自転車と出会うコトに恐怖を覚えます。頁をくるとまた違う場面がやってきます。トキが流れています。

絵本はヒト・モノ・コト・トキのつながりを表現することができるメディアであるが故に、その「笑い」や「楽しさ」を生き生きと把握・理解・納得できるのです。ヒト・モノ・コト・トキの「間」は、「縁」の働きを意味します。仏教のもっとも重要な概念の一つは「縁」ですが、この縁の働きによって、「私」はまわりとのつながりによって新しい発想を得て自由に生きる方向感に恵まれるのです。

ヒト・モノ・コト・トキのつながりの限りない多様性、即ち「無限の縁」を具体的に表現するところに「絵本の力」があります。

現代は通俗的に「無縁社会」といわれていますが、これは「縁が無い」社会を意味しています。しかし、本来「無縁」とは「無限の縁」なのです。(注2) ヒト・モノ・コト・トキのつながりの無限性の表現によって、絵本は、限定された「有縁」を超えた「無限の縁」、「多様な間」の中に自己を置き、私は世界に開かれ、新しい可能性の中に生きる方向の発見をもたらしてくれます。

注2
中島岳志・若松英輔『現代の超克』ミシマ社、二〇一四年

本書の構成

こんなふうに、本書では「笑い」「楽しさ」「あいだ」という三つの視点から、さまざまな絵本を紹介しながら、「こんなまちに住みたいナ」という気持ちや想像力を喚起してもらおうと思っています。また次にあげるように、メディア・リテラシーとしての絵本を八つの性格に分けてみました。

絵本に「笑い」や「楽しさ」や「あいだ」の視点から、魂

の自由を触発してくれる力があるのは、絵本というメディアが言葉と絵の一体性からくる格別の「わかりやすさ（リテラシー）」があるからです。絵本のメディア・リテラシーの類型化を参考にしながら、[注3]本書では八項目の絵本のメディア・リテラシーをあげました。

先ずは、「物語る」メディア。絵本は絵と言葉の織りなす物語が子どもだけでなく大人の心にも揺さぶりをかけます。

次いで「時間表現」メディア。頁をめくる、トキは流れるという絵本独特の表現効果を生かして、時間の流れに沿った多様なヒト・モノ・コトの展開の中で、予定調和を超えて偶発性を味方にする発想の拡がりを味わえます。

「視覚表現メディア」としての絵本は、色や形の多彩な構成により、驚きや楽しさを体験させてくれます。

「希望と癒し」のメディア。絵本はやわらかい絵やわかりやすい物語を通して、他者への想像力を育み、相互理解、喜び、安らぎ、希望を増大させてくれる力があります。

「他者理解」メディア。異和感のある他者や危険という困難との出会いにおいて、肯定的（ポジティブ）な心の動きと否定的（ネガティブ）な心の動きが対立します。しかし、ヒト・モノ・コト・トキの流れにお

注3　中川素子他 編『絵本の事典』朝倉書店、二〇一一年

いて、周りとの絶妙なつながりを通して調和を見出したり、状況打開のための必要な感情を育んでくれます。

「自然との共生」メディアとしての絵本は、人を人たらしめるのは人間も自然生命系の一環であることを押しつけがましくなく柔らかく伝えてくれます。

「ひと・まち交感」メディアとしての絵本は、ひとはまちの暮らしの記憶とともに生き、思い出や情緒を大切にし、ひとはまちへの愛着をもって関わりながら、ひととまちが相互に響き合う関係を育む価値を明らかにします。

「インタラクティブ」メディアとしての絵本は、作者から絵本を見る人へ、読む人から聞く人へなど多様な伝達性をもつコミュニケーション・メディア一般を超えて、絵本を見る者が自ら物語を創る余地を生かします。

三つの視点を横軸に、メディア・リテラシーとしての絵本の八つの性格を縦軸にしたマトリックスに、取りあげた絵本をプロットしてみますと、次ページの表のようになります。全体的な組み立てはこうなっていますが、本書はどこからでもきままにお読みいただけます。

それでは、絵本の「タンケン・ハッケン・ホットケン」の旅をお楽しみください。

メディア ＼ 視点	Ⅰ 笑い	Ⅱ 楽しさ	Ⅲ あいだ
1 物語る	「ライオンをかくすには」（6章） 「としょかんライオン」（同） 「ぼくはくまのままでいたかったのに」（9章）	「道はみんなのもの」（9章）	「はじめてのおつかい」（11章） 「かあさんのいす」（14章）
2 時間表現	「3びきのかわいいオオカミ」（1章）	「私たちの家を建てる」（10章） 「アダムと楽園の島」（13章） 「とりのまち」（15章）	
3 視覚表現	「スヌーピーのしあわせは…あたたかい子犬」（1章） 「トンネル」（8章）	「マシュマロ・キス」（7章）	「わたしのいえ、あなたのいえ」（11章） 「ばあちゃんのなつやすみ」（同） 「トランペットを吹くフランキー」（21章） 「アパート3号室」（同）
4 希望と癒し	「おばあちゃんのきおく」（7章）	「いろいろあってもあるきつづける」（1章） 「タール・ビーチ」（12章）	「うみにあいに」（19章） 「樹のおつげ」（同） 「ハナミズキのみち」（同）
5 他者理解	「友愛の分かちあい」（3章） 「おじさんとカエルくん」（5章）	「かぞくの大きな絵本」（14章） 「わたしの2つのいえ」（同） 「ファミリー・ブック」（同）	「幸福の館」（18章） 「バッドバイ、グッドバイ」（20章） 「こんにちは、さようならの まど」（同） 「マドレンカ」（22章）
6 自然との共生	「シンプル・ピープル」（2章） 「きままに　やさしく　いみなく　うつくしく　いきる」（4章） 「ユイタとアガイのわったあ家～」（5章）	「ニューヨークのタカ、ペールメール」（23章） 「ぼくの庭ができたよ」（1章）	
7 ひと・まち交感		「わたしの社稷洞（サジクドン）」（15章）	「わたしたちのてんごくバス」（17章） 「ちいさいケーブルカーのメーベル」（23章） 「町にながれるガブリエラのうた」（24章）
8 インタラクティブ		「ビロンギング」（16章）	

I

「笑い」が突破口をつくる
——生き方篇

1　発想の扉を開く

天災、人災が続発し、多事多難が山積みする現代に生きる私たち大人は疲れていて、新しい発想や考え方がもちにくい。絵本は大人の心をほぐしてくれる秀れたメディアです。これから自由な発想の扉を開いてくれる絵本の世界の旅に赴いてみましょう。絵本との対話を通して、「発想の硬直化」や「偶発性の排除」の枠組をはずし、心の赴くまま、旅を楽しんでみましょう。大人にも充分楽しめる絵本をいくつか紹介します。

絵本のつぶやきに耳を傾ける

「みんなでつくったあさごはん。14ひきのあたらしいいちにちのはじまり」

里山でのネズミの家族の暮らしの物語シリーズの傑作を描きつづけている、いわむらかずお『**14ひきのあさごはん**』（❖1）のシーン。円いテーブルを囲んでともに朝食をいただく光景の中には、ひとりひとり生きる養分を得つつ、自然にしゃべりながらお互い今日の過ごし方の方向感を分かち合う雰囲気が漂っています。〝食〟

というふるまいと〃円い形〃はお互いをゆるやかに、そして明確につなぎとめています。食や円を通してつながる発想が、画面から滲みだしています。

＊

“Happiness is sharing”（「しあわせはわかちあうこと」）

『ピーナッツ』の作者チャールズ・M・シュルツは鋭く深い感性の人。**『スヌーピーのしあわせは…あったかい子犬』**（❖2）は、まるで哲学者のように「しあわせとは？」について意表を突く方向から問いつづけます。その中に、スヌーピーとウッドストックが釣り竿を垂れ、ともに遊びつつ獲物を分かち合うシーンがあります。ひとりじめや競争はしあわせな人とそうでない人を分けます。シンプルなその絵は、シェアとは、遊びによるコミュニケーションと力を合わせることによるコラボレーションであり、シェアリングはかかわる人すべてをしあわせにしてくれることが語られています。

＊

「ぼくはあるく、トツトツあるく。森の中を、草の道を。き

❖1
いわむらかずお『14ひきのあさごはん』童心社、一九八三年

❖2
チャールズ・M・シュルツ、谷川俊太郎訳『スヌーピーのしあわせは…あったかい子犬』角川SSコミュニケーションズ、二〇〇五年

っと出会うよ、いいことに」

生の躍動感みなぎる作品を描き続ける田島征三作『**いろいろあってもあるきつづける**』（❖3）の各ページに、バッタも鳥もひとりぼっちのように見えながら、「おどってわらってあそんでにぎやか」であり、『空をとぶ心』をもって生きる生命力が表現されています。この絵本には、状況の中をひたすら歩み続けながら、いろいろなヒト・モノ・コトとの出会いを通して「なくした夢や歌」を取り戻し、ひたむきにつづける持続力と、未だ見ぬ未来への想像力の翼をひろげようヨ……の呼び声が響いています。

❖3
田島征三『いろいろあってもあるきつづける』光村教育図書、一九九九年

＊

「それじゃ、ちゃんと計画をたててやりましょうね」とお母さん。

ドイツのゲルダ・ミューラー作の『**ぼくの庭ができたよ**』（❖4）は、まち中の古い家に引っ越してきた家族が、荒れはてた庭をきれいに整え、近隣の子どもたちと自然の出会いのある遊び場を育むまち育て絵本。家も道も緑も整然と並ぶドイツのまち並みの美しさは、住民も生活の中で自然と「計画

する」（プランニング）という言葉を使うことにあらわれているのでは？　無秩序をテコに、ゆるやかな秩序を生み出していく「計画」という考え方・手法が、住民の生活の中に浸透している文化の特徴がここにのぞいています。

＊

「ふたりは、うれしくてうれしくてたまりませんでした。なぜって、ナンシーおばあちゃんのきおくが、またみつかったのですもの。それもこんなに小さな男の子のおかげで」

　オーストラリア生まれの絵本『**おばあちゃんのきおく**』（❖5・メム・フォックス文、ジュリー・ビバス絵、7章参照）は、記憶をなくし

❖4
ゲルダ・ミューラー、ささきたづこ訳『ぼくの庭ができたよ』文化出版局、一九八九年

たナンシーおばあさんとウィルぼうやが「必死のパッチ」でそれを取り戻させるお話。それは、子どもの高齢者への思いやりと創意工夫と触れ合いが、人間・空間・時間のつながりとしての記憶を回復させる感動の物語です。

*

「ねえみんな、わたし歯がぐらぐらするの！」チェコ生まれのアメリカ在住の、まちと子どものかかわりを想像力豊かに描くピーター・シス作『**マドレンカ**』（❖6、22章参照）。ニューヨーク、マンハッタンのアパートに住む幼い女の子マドレンカは、乳歯の生えかわりを、近隣の商店主や住民に次々と伝えていきます。大人はひとりひとり「それはメデタイ」「お祝いしよう」といいながら、彼女に子ども時代に住んでいた故郷の思い出を話しかけていきます。人種のるつぼといわれる、ニューヨークに住む世界中からやってきた人々のそれぞれの故郷のわくわくドキドキの幻想的なイメージを喚起する見開きページの絵。ページの中央に穴があいていて、次に何が出てくるか期待させる、ゾクゾク感がある楽しさ。

❖5
メム・フォックス文、ジュリー・ビバス絵、日野原重明訳『おばあちゃんのきおく』講談社、二〇〇七年

❖6
ピーター・シス、松田素子訳『マドレンカ』BL出版、二〇〇一年

＊

「フラミンゴは、はなをどっさりくれました。そこで3びきのちいさなオオカミは、はなのうちをたてました」

イギリスのユージーン・トリビザス文、ヘレン・オクセンバリー絵による『**3びきのかわいいオオカミ**』（❖7、「序」参照）は、『三びきのこぶた』をパロディー化した、抱腹絶倒の傑作絵本。破天荒なワルサを次から次へとやる目つきの悪い大ブタに対して、強さに対して強さで対抗する限り、自らの身も世界の破滅ももたらすと考えた三匹のかわいいオオカミは、見事な発想転換に赴きます。「強さ」に対しては「弱さ」と「やさしさ」と「美しさ」をもって対応すると、何と敵対関係が友愛関係に見事に変わってしまうのです。トラブルをエネルギーに変える、発想の転換を示唆するこの絵本は、頭の固い私たち大人、専門家を触発してやみません。

❖7
ユージーン・トリビザス文、ヘレン・オクセンバリー絵、こだまともこ訳『3びきのかわいいオオカミ』冨山房、一九九四年

今こそ心のマッサージを

このように手元にある絵本を順々にひもとき、キーワード

を列挙してみますと、あることに気づきます。

・食と円を通してのつながる発想
・しあわせとはシェアリング
・持続力と想像力の翼をひろげる
・生活の中に「計画」の発想を
・人間・空間・時間のつながりとしての記憶
・ゾクゾク感のある楽しさを行動の根本に
・トラブルをエネルギーに変える

私たちは、日々の生き方や仕事の進め方やまちの育み方において悩んだり行きづまったりしています。これらのキーワードは、その病状の回復を早め、まちも人も健やかに生きられるよう示唆をあたえてくれるものであることに気づきます。「無縁社会」や「自壊社会」といわれるほど、人と人の間がキレギレになっている状況や、地域の経済も生活もほころびていく状況が目立つ現代社会において、その病状をくい止めたり、予防したりするための発想やふるまいのキーワードを私は「コミュニティ・ビタミン」と呼んでいます。

シェアリングの発想・トラブルをエネルギーに変えるなどは、地域が衰退のどん底に落ちこんでいくのを確実に予防し、新しい発展傾向を促してくれる効果が期待されます。それは、まるでビタミンCが細胞に強力なコラーゲンの網をはりめぐらせて、ガンの増殖をストップさせる効果が見込まれるようなものです。

人間の健康増進や病気予防に、ビタミンが必須であるように、まちも地域も、仕事も生き方も、活き活きとした活動を開始・維持・持続させるための触媒としての「コミュニティ・ビタミン」が必要なのです。絵本は、そのような「コミュニティ・ビタミン」が潤沢に詰まっている表現媒体なのです。

＊本文中ゴシック体は、人もまちも生き生きとした活動を維持・持続できる触媒としての「コミュニティ・ビタミン」に該当するキーワードです。

2 シンプルな生き方を選ぶ

目標・価値志向の発想

今私たちのまわりは、価値的なことと手法的なものが分離し、人間的ふるまいと技術的効率性の乖離が人間的直感力の衰退をもたらしています。そのことが説得のある寓話としてかつ希望にあふれた物語として表された絵本“The Simple People”（『シンプル・ピープル』❖1）をとりあげてみましょう。

シンプル・ピープルは、澄みきった青い泉のそばの木々の下で暮らしていました。シンプル・ピープルの楽しみは、あたたかいお陽さまと、果物の木、そして歌。シンプル・ピープルのひとり、**ささやかな創意工夫**好きのノードは、木ぎれでナニカをつくりはじめます。ナニカとは、額縁のように向こうの景色をみる木の枠でした。そこに、大きなことを考えるボグがやってきて、ノードにたずねました。「これは

❖1
Tedd Arnold, pictures by Andrew Shachat, *The Simple People*, Dial,1992

何だ？」と。木にぶらさがっている窓枠のようなものに顔を近づけながらノードは「**向こうを見やる**ものだヨ」と言いました。「その枠を支えるためにもっと多くの木が必要だろう」と言いました。そこにやってきたパグは、「木で支えるだけでは弱い。石でもっとしっかりと強く支えた方がよい」と言います。ノードは木も石もいらないと考えていました。しかし、ボグは「パグ、君は正しい。もっと石を集めて強く支えよう。石集めだ！」とほかの人々に石集めを促しました。

人間的ふるまいを重視するノードとモノづくりを重視するボグ・パグの考え方の決定的違いが、事態をやがて悲惨なものとしていきます。すなわちノードは、向こうを見やる（景色を見るという即物的ふるまいと、見えない未来を見やるという想像的ふるまい）という人間的ふるまいを発想し、それを生かすための「窓枠」を手づくりしました。一方ボグとパグは、何のための「窓枠」かを問うことをせずに、合理的に強く支えられた「窓枠」という対象物に考えが集中します。前者は、"Looking through something."（「ナニカを見とおす」）を通しての**美しさや未来の価値を発見**する人間的生き方を目指しました。後者は、"The look-through thing."（「モノを見る枠」）をリーズナブルにつくる道具的ものの見方を目指しました。

この物語の始まりにおいて、現代社会の行きづまりを打開していく上に、大切なことは、手段志向の技術的発想に傾きがちなやり方を自省し、どんな生き方や価値を目指すかの**目標・価値志向**の発想を回復・再創造することの方向感を予感させてくれます。その重要性は以下のような流れの中で明らかになっていきます。

働く人々は、最初は石を集める作業を歌いながらやっていました。石が木の枠の両側に積み上げられていくうちにボグは「これが壁というものだ」と声高に宣言するようになります（❖2）。それまで誰も壁というものを見たことがなかったのですから、壁の出来具合を見てみんなは大喜びをしました。人間が、新しい技術の成果を無邪気に受容してきた一面を揶揄しているかのよう。しかし日に日に壁が長くなっていくと人々はすっかり疲れきって、もはや働きながら歌うことをやめていきました。ボグは作業をいっそう効率よく進めるために専門職を設けます。石を砕く人、石を運ぶ人、石を積む人……。一人でも作業を止めて、作

He didn't think they needed more rocks. He stood by his look-through and watched as the rock pile grew higher and longer.

❖2
ノードは木枠を通して「ナニカを見通す」人間的生き方を目指したが、ボグとパグは木枠をモノを見る道具として壁をつくった

業が滞ることがないように、ボグは監視役となりました。

　とうとう長い石積みの壁は端から端までつながり、人々は大きなサークルの中に閉じこめられました（❖3）。この一連の流れは、近代の産業システムの特徴である分業と監視のもとに効率よくモノが生産されていき、人間は労働の主人公ではなくシステムの歯車的存在に変えられていくことが示唆されています。人間が管理的しくみの中に巻きこまれるとともに、生産システムもどんどん肥大成長していきます。一方ノードはわずかに差し込むお陽さまを楽しんでいましたが、やがて屋根で覆われ真っ暗な閉ざされた場が出来上がっていきます。現代の野球場が運営的効率の観点からドーム化されたがために、青空をいきかう雲や、心地よい風や、選手の打つ・受ける快音などを味わう**楽しさ**が奪われてしまっていることを、フッと思わせます。

❖3
人々は大きなサークルに閉じ込められてしまった。お陽さまも風も感じられない

感覚的出来事が人の魂を活性化させる

ボグはさらにモノづくりと管理システムの強化発展を試み、パグは外壁から差し込む一条の光を見つけ、それを泥でふさぎます。それが彼の仕事だったからです。一方ノードはお腹がすいて一日中、一晩中窓を求めて歩きつづけながら、果物を探します。おいしい果物を食べたのは、歌を歌ったのは、お陽さまの下で遊んだのはいつごろだったかを思い出せないまま歩きつづけます。くたびれて壁にもたれかかると、彼はささやきを耳にしました。それはとっても親しげに聞こえました。風のささやきでした。瞬間に、彼は風とフレッシュな空気とお陽さまを思い出すことができました（❖4）。

絶望も希望の始まりと思える瞬間の到来です。人間は、太古からの生活体験を通して、風の息づかい（気息）や**気配を感じる**、それらを親しみ深いものと感じるDNAを内に隠し持っているのではないでしょうか。居住体験のない子どもが、和風木造空間に身を置くとき、何となく親しみ深さを感じるように。しかし今の建築は高気密をうたいあげる技術依存により、（ユーザーもそれを期待することにより）、風の息づかいを直感できる仕掛けをおろそかにしています。

ノードは、風のささやきに耳を傾けた直後、石でクラックをこじあけます。彼が手づくりした「向こうを見やる窓」を覆っていた泥をすべて落とすと、お陽さまと風は、暗闇の中に勢いのよい水のように流れ込んできます。ノードは窓をはい上がって外に飛び出し、仲間たちにも外に出ることを呼びかけます。誰もがスイートな果物をたんのうしました。壁がつくられ閉じこめられて以来、初めて幸せそうに歌を歌いました。**風の息づかいに感応する力**が人間には元来あったのです。その直観力が危機からの脱出をもたらしたのです。

現代空間の閉鎖性・高気密性と人々がそれを好んで選ぶ習慣が結びついて、今の人々は人間の本来的ふるまいとしての風の息づかいへの**直感**を喪失しているのではないでしょうか。

二〇一三年に国際芸術祭愛知トリエンナーレが名古屋の都心長者町地区でも開催されましたが、ノードが割れ目の光と風のささやき

Putting his ear to the crack, he could hear the whisper clearly.
"Oh-h-h-h-h."

❖4 ノードはかすかな風のささやきを耳にした。瞬間、風の息づかいに感応するシンプルな力が蘇った

から、おいしい果物やあたたかいお陽さまを感じとったように、名古屋の都心でもアートによる**感覚的出来事が人々の魂を活性化**させました。内外の多様なアーティストの中でセルビアから来たシュカルトというアーティスト・ユニットは、「人々の関係性のためのアーキテクチャー」をコンセプトに、日常的に個人の感情と結びつくデザインを提案・展示しました。例えば、現代人は緑が日々開発によって奪われていくことに鈍感になっている状況の中、「ムーバブル・プラント（動く植物）」（車をつけた植木鉢の緑を人が引く）は、人々に緑の大切さに気づかせます。それは感覚的な出来事によって人々の魂を刺激することです。

「**美の感情**は直感の闇のなかに沈められたまま（注1）」ですが、アートとまちと人の出会いにより、ひとつの音、色彩、匂いなどの感覚しうるものが発見され触発されます。まちをそのような場になるようにしていきたいものです。

また、この絵本が「夜はあたたかく、風はやわらかく、そして再び暮らしはシンプルに戻りました」としめくくられるように、災害列島に生きる私たちも、シンプルな人間的直感力の回復・再獲得に赴きたいものです。これまで述べてき

注1
ジャン=フランソワ・リオタール、本間邦雄訳『リオタール 寓話集』藤原書店、一九九六年

た意味づけに加えて、この絵本は私たちに次のようなことをさらに示唆しています。それは、大量（マス）の石という建築材料によって、人々が生き生きと生きていた場所が、閉ざされた空間に体よく組み込まれていくことに警告を放っています。とともに、大衆というマスが、産業社会システムの中に体よく組みこまれて、生きることの価値への自覚が希薄化していることが根源的に批判されています。

絵本のカバーのそでに添えられている解説文の中に、「壁が高くなればなる程に、人々は何のためにそれをつくっているのかその価値を忘れていく」という一文があります。「何のために、どんな価値あることを目指すのか」に該当する言葉はcountです。カウントのもうひとつの意味は「計算する」です。現代社会が基本的に経済的合理性のカウント・計算することに偏りすぎる傾向を省みつつ、**どんな価値を重視するのか**のカウント・価値づくりを大切にすることに赴きたいものです。「複雑」きわまりない現代社会、モノづくりの技術と価値づくりのふるまいの間にあって、**風の息づかいを感じる**「シンプル」な生き方を執拗に問いつづける創造的まち育てに向けて、『シンプル・ピープル』は私たちを触発してやみません。

3 友愛を分かち合い、コツをシェアする

友情はシェアするほどふくらむ

“A Secret Worth Sharing”（『内緒を分かち合う』❖1）は、モグラとネズミと、ほかの動物たちの友愛の物語。

ある晴れた日、森の中で小鳥は歌をうたい、蜂はブンブンと舞い、お日様が金色に輝いていました。「今日はタンケン・ハッケン・ホットケンの完璧な日だ」と、モグラはまず「タンケンしよう」と決断しました。決断という**能動的な自由な意志**による判断は、思いもよらない開かれた出来事との出会いを生むものです。

昼間のあたたかい場所を苦手とするモグラは、切り株に背中をもたせかけて休息。すると切り株のホコラ（空洞）の中に小さな柔らかいフワフワした顔。思わぬ「ハッケン」があ

❖1
Jonathan Emmett, illustrated by Vanessa Cabban, A Secret Worth Sharing, Walker Books,2011

りました。

決断は、未来おそらくやって来るだろう悦びの刻（とき）への暗黙の期待をはらむものです。いまだかつてないようなハッケン・ホットケンの**心のときめき**を感じさせる相手との出会いをもたらしました（❖2）。

「ネズミと僕は特別の友だち」とつぶやいたモグラは、次の日もその次の日もネズミとデート。モグラはこれまでのほかの友だちに、彼女のことを言うのをためらいました。「これは内緒にしておこう」と思ったモグラは、同時に「秘密を持つことは何とエキサイティングなんだ」とも思いました。いつものように、リスとハリネズミとウサギはモグラを訪ねてきましたが、毎日不在。「おかしいネ」といぶかるモグラの友だち。

ある日、モグラがネズミのところにひそやかに行こうとするとき、リスとハリネズミとウサギがやってきました。お互いに応答している場にネズミの到来。「いつもはあなたが私のところに来るけれど、今日は私が訪ねてきたのヨ」。モグラはあわてました。内緒にしていた彼女が突然ほかの友だちの前に現れたのですから。しかし、相互にやりとりをしてい

❖2
モグラとネズミとの出会い

るうちにモグラは気づきました。

「ぼくは彼女をひとり占めにするよりも、シェアした方がいい。友情って分かち合えば分かち合うほどに、ふくらんでいくんだ」(❖3)。**友愛の分かち合い**は、私と世界を豊かにしてくれることを示唆しているステキな絵本。

愛を分かち合い
コツをシェアする

話題は変わりますが、公務員のHさんは、大阪南部貝塚市の近木(こぎ)川(がわ)という二級河川を水質ワーストワンから見事に再生させました。

筆者が彼と出会ったのは一九九八年の「全国川の日ワークショップ」(現在の「いい川・いい川づくり

❖3
リスもハリネズミもウサギも……友情は膨らむ

ワークショップ」」でした。彼は三分の短い発表時間に、自らの地域を流れる近木川が劣悪な状況に置かれていることを簡潔に述べ、上流の四季折々の美しい景観をスライドで映しながら、「近木川カンニンナ。きっときれいにしたるさかいナ……」と呼びかけました。Hさんは全国の人々に自らの地域の困難きわまりない川をよみがえらせることへの決意・決断を宣言したのです。とともに、この言葉の中には、川への友愛が鮮明に表現されています。友愛とは愛することであり、それは状況である前に行為です。それは**受動＝情熱**（パッション）である以前に**能動＝行為**（アクション）です。先の絵本のモグラが大好きなネズミへのアクションは、友愛と軌を一にしています。

　Hさんは、自らが川好きであることを、愛をもって対象にかかわるアクション――タンケン・ハッケン・ホットケンを、自己の内に秘めることを超えて、まわりの人々と分かち合うことによって、ワーストワンの川を良質な水と市民のかかわりのあるよりよい川に変えていったのです。まち育て・まちづくりでは、**まちを好きになる活動**から始めること、そして**個人の趣味・愛好活動を他者におすそわけ**することが極めて重要です。モグラとネズミの物語が、他者とともにあることの悦びは、愛されることではなく愛する行為、それ自身のエネルギーに内在していることが示されています。Hさんのまちづくり・川づくりの悦びも、高校生とともに通学路や商店街でプランタに花を育む「花いっぱい運動」を手がけたり、子どもとともに近木川で遊んだり（近木っこ探検隊の活動）して、まちや川を愛する行為が活動の源泉なのです。

ところで、絵本の内容とHさんの活動に共通する「友愛のシェア」はよいとしても、近木川の再生はいかになされたのかについてもう少し補っておくことが必要でしょう。(注1)

「シークレットはシェアする値うちがある」という際のシークレットは、(1)秘密・内緒(愛する行為)と、(2)秘伝・コツ(実践知)という二つの意味があります。愛の分かち合いとコツのシェアという視点から、以下に近木川再生をもたらした**プロセス・マネジメントの実践知**をすくいあげてみましょう。

注1
橋本夏次「河川力と地域力の響きあうまち育てプロセス・マネジメントに関する研究―全国状況と近木川における市民・行政の協働活動」愛知産業大学大学院修士論文、二〇一二年

プロセス・マネジメントの実践知

夜行性のモグラが昼間「タンケン・ハッケン・ホットケン」をしたように、Hさんは、自称「はみ出し公務員全国協会会長」です。彼は上意下達に基準通りにやるやり方を超えて、何のための行政なのかについての基本目標をたずねることを命がけでやってきました。

1、はみ出し公務員は、常に何を目指すかのコンセプトを生命のように大切に!

モグラとネズミが出会える場所の設えがあったように、彼は市民がたゆまず自然への愛好心が育まれる市民学習拠点施設の立案・計画・実施にかかわりました。

2、自然への関心と市民活動を育む拠点施設の企画・運営を仕掛ける！

彼は人間と河川、市民と行政の間におだやかな相互的友愛と呼ばれる価値づくりに赴きました。

3、「モノ・カネ・セイド」偏重を超えて、「ヒト・クラシ・イノチ」尊重の発想にこだわる！

絵本の主人公たちの遊び合う自発的心は、子どものそれに通じます。Hさんは子どもの目線からの川づくりに情熱的に専心しました。

4、とことん子どもの自発性・遊ぶ力を尊重し、川ガキと川好き市民を育む！

絵本の中では、eventually（成りゆきの中で、偶発的）に、主人公間の応答が次々と現れます。現場には特別な複雑さや成りゆきや偶発的出来事が立ち現れます。まちの育み・川づくりは、現場に真理があります。**現場に生き生きと臨む態度**が、行政や専門家に求められるゆえんです。Hさんは、市民が近木川に関心がないとき、通学路や商店街での「花いっぱい運動」を「花の万博」開催と併行して行い、地域の人々と共に汗を流しました。近木川の水質検査活動にも市民とともに動きました。やがて、近木川への関心が高まってくると、子どものための環境学習の場としての「山の分校」「川の分校」「海の分校」を仕掛け、子ども・先生とともに活動を進めていきました。行政自ら汗を流すことで、互いに**愛し合うことの互助性**や**信頼**を地域・学校・商店街などに広げていきました。

5、何度も現場で汗をかき、「花いっぱい運動」「川の分校」など住民や学校や企業の信頼を得る！

それまでの公務員のスタイルからはみ出していたHさんは、役所内では冷ややかな眼でみられ、厚遇とはほど遠いところにありました。しかし、逆に外からの専門家や研究者たちは、**子どもの目線**と**市民参加**を創造的に進めるやり方に注目し、応援する人々が次々と現れました。『ファーブル昆虫記』の翻訳者の奥本大三郎さんや、アメリカの有名な参加のデザインの研究者ロジャー・ハートさんらも、驚くべき異質の眼を持つ達人たちが、彼のサポーターの専門家を媒介にして呼び寄せられ、地域の人々は、主題についてその都度**深く学ぶ**機会を得ました。

6、常によき媒介者である、異質の眼を保持する外の専門家や意味づけ者と出会い、地域に引き込み、系統的学習！

水質全国ワーストワンという**破局的事態をバネ**にしつつ、彼は子どもから大人まで多世代にわたっての多面的活動を地域に持続的に生起させ、その運営プロセスで起こる対立を対話に、トラブルをエネルギーに変えていきました。

7、地団太踏むようなトラブルをドラマに変える！

以上の七つのキーワードの頭文字を縦につづると……

は・し・も・と・な・つ・じ

橋本夏次さんは、川と人のいい関係づくり、創造的コミュニティ・デザインの実践知の体系を、私たちに垣間見せてくれました。その根源にあるのは、**愛するという私の秘めごとを他者と分かち合う**ことにあるのです。

愛は世界を変える！

4 喜びと笑いが創造をもたらす

ひとりひとりの力は、〈共(コモン)〉との関係の中で育まれる

「おやぶんたちはまったくたよりない。こうなりゃ、おれたちひとりひとりがおやぶんだ」

絵本『きままに やさしく いみなく うつくしく いきる』(❖1)は、このような**つぶやき**から始まります。

作者の一人パヴェルは、「環境活動家として活躍。アメリカ・カリフォルニア州オークランドのアースハウスの創立者として都市の生活におけるサステナビリティについて世界各地で講演を続けている」。もう一人の作者ハーバートは"Randomkindness and senseless acts of beauty"と(きままに やさしくいみなくうつくしくいきる)いう素敵なフレーズの発案者。谷川俊太郎の訳も、小田まゆみの絵もこの上なく

❖1
アン・ハーバート、マーガレット・パロマ・パヴェル文、小田まゆみ絵、谷川俊太郎訳『きままにやさしく いみなく うつくしく いきる』現代思潮新社、二〇一二年

想像的（イマジネイティブ）かつ創造的（クリエイティブ）で、言葉と絵が溶けあっています。

災害、不況、いじめ、孤独死など社会全体が行き悩み、先行きが見えない時代、強いリーダーを待望する向きもあります。しかしそれでは状況がよくなりません。この絵本は、市民ひとりひとりが自分の手で、もう一度世界をつくり直す能力を持っている、「おれたちひとりひとりがリーダーになる」センスと方向感を説いています。

「おれたちには　むかしから　かくれたちからがある。“We have power.” **おれたちはちから**」

あらゆる人間には、ひとりひとり内に潜む力があるのです。ひとりひとりの力ではかなわなくとも、お互いのかけがえのない力を混ざりあわせることによって、個々の特異性が輝いていきます。

「みんながたべるものを みんなでつくる」
「みんながきるものだって みんなでつくる」
「みんながすめるばを みんなでつくる」（筆者補記）

例えば、コーポラティブ住宅。住み手の「こんな家に住みたいナ」という内発的なつぶやきから始まり、ひとりひとりの個性ある住み方とともなる暮らし方などのアイデア・イメージが飛び交い、話し合いの中から共通して分かち合われる〈共（コモン）〉の概念と手法が生き生きとはずむとき、それは成功します。その場合の**〈共（コモン）〉**とは、土地・大気・水・緑・花などエコロジー的な〈共（コモン）〉、ともに住む感覚・アイデア・

イメージ・コードなどの人間的な〈共〉、加えて、ともに住み管理運営する共用庭・集会所・階段室などの空間的な〈共〉の三つの側面。

大切なことは、エコロジー的な、人間的な、空間的な**〈共〉**が、お互いにつながりあい、浸透しあい、**「はじめもおわりもない　わになって」**（❖2）いくことです。住まいづくりに参加する住み手も設計者も、ひとりひとりの**特異性**が発揮されるのは、エコロジー（生命）／人間／空間を縦割りにする従来の発想をこえて、縦・横・斜めにゆるやかに「はじめもおわりもない　わになって」つながる状況が生成するときです。

「**はじめもおわりもない　わになって**」つながる状況は、参加者間

❖2　「はじめもおわりもない　わになって」

に相互に触発しあう関係を育みます。住み手の住み方へのイメージと想いを述べるつぶやきの中に潜むともに住むことへの思考の力は、設計者を触発して、未だ見たことのない新しい空間的な〈共（コモン）〉を形づくる力が発揮されていきます。個々の特異性の力が輝くのは、**能動的対話**のプロセスを通して触発する力と触発される力が照応する関係が成立するときです。

ひとりひとりの思考し活動する特異性・力は、他者と一緒に〈共（コモン）〉的な関係の中で創発します。ひとりひとりの**特異性**は、〈共（コモン）〉とのつながりの中で内発し、触発され、創発するうちに育まれます。閉じた円ではなく「はじめもおわりもない わになって」**開かれた集団**として運営されていくとき、集団は特異性を育む根源的な新たな個体化のための土壌なのです。強い権力的リーダーが支配する上意下達的集団ではなく、ひとりひとりが自律的で自由で他者とゆるやかな**協働の**関係を育む集団が成立するとき、ひとりひとりの特異性は精錬されていくのです。

かってきままにやり続けると新しい意味が創発される

「かってきままに きのうもきょうも やっていることがそれぞれに いみをもちはじめ せかいをきめていく」

筆者は、老若男女が都心（名古屋市錦二丁目長者町地区）に安心して住めるような集住体（「長者町家」と呼んでいます）をつくろうと、ランダムにかってきままに、いろいろなことをやってきています。

ユーザー候補集団と地権者グループの出会いの場を仕掛け、学習と談論風発のワークショップ。例えば、「今日は気分が滅入っているからコモンを通らずに自分の部屋に入りたい」「赤ちゃんもシルバーもシングルもファミリーも、食卓を囲んでだんらんしたい」「フロアごとに音楽好きコモン、アート好きコモン、読書好きコモン、料理好きコモンなどの特徴あるしつらえをしたい」「〝ヨリミチバー〟〝ナリユキキッチン〟があるといいナ」「都心の高層住宅なのに光と風がたゆとう場、花と緑のある場に身をおきたい」などと。無意味なアイデアも山ほど出しあうと、その中から私と他者の間に響きあう**〈共〉**感覚が発生し、「やってみよう」「こうしたらできる」の創造的アイデアが湧出し始め、新しい**意味創発**の方向感が分かち合われる場が生まれていきます。

これらの「**かってきままに**きのうもきょうもやっていること」が今後どのような展開を生むでしょうか。まったく予断を許しませんが、少なくとも、これら一連の活動を通して、かかわるメンバーの特異性を尊重し、育みあう関係を大事にしてきています。みずからかかわり、ともに発見・触発しあうことは、「生きている実感」だけでなく、「よりよき生の充足感」という**意味の創発**をもたらし、世界をつくり直していくことにつながっていきます。

例えば、長者町ゼミ（長者地区をフィールドに自由な表現・交流活動をしている任意団体）

メンバーの女性Iさんは、二〇一四年、「住まないシェアハウス／プレイス・ラ・ボン（ここちいい場所）」を立ちあげました。彼女は自分の家以外にもう一軒アパートを都心に借りて、週一、二度、自らの手料理（時には仲間との共同）のコモンミールの場を開きます。夜の九時半頃になると、呼びかけに応じた仲間たち（小生もその一人になること度々）が七、八人集まってきて、食卓を囲んで好きなアルコール・ドリンクと歓談とともに美味しいごはんをいただきます。三〇歳代から七〇歳代の多世代が笑いと味覚と「よりよき生の充足感」をシェアします。

ところで、今年二〇一五年は、本格的シェアハウスを具体的に仕掛けていきたい。長者町地区一六ヘクタールは、繊維業衰退後の土地利用としての駐車場が一五％くらいに及んでいます。アメリカの建築家のクリストファー・アレグザンダーに言わせますと「一定地区に空き地が九％以上になると、そのまちは死滅に赴く」と。長者町地区を死に至らせることなく、「生の充足感」を分かち合えるように、駐車場利用をそのままにして、その上に三階建ての建築をつくり、地権者にはパーキング料と家賃の両方取得でき、ユーザーは都心にリーズナブルコストで住めるようにします。先のワークショップの発言にあるように、コモンスペースでの生き生きした住み手間の関係が、道路側ににぎわいの表情を滲みださせます。

現実社会に起こっている「むいみは　ぼうりょくだけじゃない。むいみにひそむあたらしいいみをうむちから」「もっともっとほしがって　きままにやるんだ」。

今やっている長者町家づくりの活動は、無意味な徒労に終わるかもしれません。

でも「むいみにひそむ あたらしいいみ」を発見するために「もっともっと ほしがって きままにやる」ことに徹していきたいと思います。

「いっしょにいきる いくつものあたらしいみちを みつけることが できるかどうか」（❖3）

いろいろな特異性の担い手の〈私〉が話し合いの場に参加し、アイデアの交換と**相互触発しあう〈共（コモン）〉の関係**が育まれていく中で、いまだ見ぬ未来の生活と空間への予見を分かち合うことに……。

❖3
「いっしょにいきる
いくつものあたらしいみちを
みつけることができるかどうか」

創造と喜びの笑いを分かち合う

「おれたちいるんだ がけっぷち。ふみだす いっぽが これからのちきゅうを きめていく」「たたかいが よろこびが、おれたちは ちから」

閉塞状況に追いこまれ、ギリギリのエッジに、**がけっぷち**に立たされているとき、この上ないシンドイ状況と格闘するとともに、それを超える創造と喜びの笑いを分かち合うこと。それが現代を生きる私たちのパワーのしるしです。

この絵本のエンディングは、そのことを生きるものたちがダンスし合う〈共(コモン)〉の姿をゾクゾクする魅力的な表現で描いています（❖4）。

❖4
「いのちはわになる。
いのちをおどれ」

そこには〈共(コモン)〉の実践としての**コンヴィヴィアリティ**（ともに歓びをもって生きること）、「**特異性の自律と相互作用の肯定**（注1）」の姿が如実に示されています。加えて、ここのところの谷川俊太郎の訳は秀逸です。

「いのちは　わになる。　いのちをおどれ」

ひとりひとりの生命のような特異性（力）を混ざり合わせることによって、**特異性**はいっそう輝きを帯びていき、力が相互触発しあい、相互浸透しあうことで、**創造と喜びの笑い**にひたされた〈共(コモン)〉の生命・人間・空間・社会が育まれていく、「コモン」が世界をくつがえす。この絵本は、これからの建築も福祉も教育もまちづくりも、社会のすべての主要領域における未来の扉をひらく共通の方法が、絶妙なやさしい言葉と絵によって表現されています。見逃せない一冊です。

注1
アントニオ・ネグリ、マイケル・ハート、水嶋一憲・幾島幸子・古賀祥子訳『コモンウェルス―〈帝国〉を超える革命論（下）』NHK出版、二〇一二年、二八三・二八四頁

5 微笑みは状況を変える

スマイルは自他をゆるやかに結ぶ

毎年、うっとうしい梅雨のシーズンが繰り返しやってきます。『おじさんとカエルくん』というアメリカの絵本（❖1）には、ひとつの事象に対して否定的態度と肯定的態度の両面があり、それをめぐって人とまちを育むコミュニティ・ビタミンがさりげなく表されています。

まち中の集合住宅の窓の外は雨。家の内側から外を眺めながら、いかめしい表情のお年寄りは「あめか！」と。一方、笑顔の幼い坊やは「わあ、あめや！」[注1]と（❖2）。

片やシカメッツラは「いやなオーバーシューズをはかんとアカン」「コートも着んとアカン、めんどうくさいナ」「帽子もかぶらんとアカン」とグチばっかり。一方では、お母さん「アメアメフレフレ、ネコもイヌも？」というと、坊やは

❖1
Linda Ashman, pictures by Christian Robinson, RAIN!, Houghton Mifflin Harcourt, 2013（リンダ・アシュマン文、クリスチャン・ロビンソン絵、なかがわちひろ訳『おじさんとカエルくん』あすなろ書房、二〇一三年）

注1
著者は最初英語版で読んでいた。ここでは、関西弁のニュアンスの訳を使っている。

「アメアメフレフレ、カエルさん、オタマジャクシさん」「ピョンピョン！」と呼応します。ことごとく雨に対する態度が両者正反対なのです。

眉間にシワを寄せて道を歩き、他者との関係にツンツンとつながりを欠いてしまうシカメッツラ。ニコニコしながら、ワクワク・コミュニケーションをつないでいく笑顔の坊や。シカメッツラの表情の人々が歩くまちと、ニコニコしながら明るい顔立ちの人々が歩くまち。どちらがまちの雰囲気にとって好ましいか、いうまでもありません。

ところで物語は、半ばで「出来事」が起こります。偶然同じ喫茶店に入った二人。お茶がすんで両

❖2
「あめか！」「わあ、あめや！」
シカメッツラと喜びと

者いすから立ち上がろうとした瞬間に、坊やの手がお年寄りのからだに触れます。「気ィつけんかい！」のきつい声。「スミマセン」の反応。坊やは彼に「クッキーどうですか？」と話しかけますが、無視のシカメッツラ。彼は店内に帽子の忘れ物。

それに気づいたニコニコ坊やは、店外にかけていって、「まってまって、忘れ物ですヨ」と。帽子もクッキーも受けとったお年寄りの表情には、笑みとうちとけたつながりが滲んでいきます（❖3）。道行く人々のみんな微笑んでいるような和みの表情が、まち中にあふれていきます。

この絵本の表紙内側のソデには、編集者の言葉がのっており、この

❖3
シカメッツラに笑みが広がり、まちに、にじんでいく

絵本には、「人間の生きる力の根源」が描かれているとコメントしています。

すなわち、異なる立場・価値のぶつかり合いが起こるとき、微笑みを浮かべると、**スマイル**は対立を対話・融合に変える力があると。笑い（laugh）は快の笑いであるのに対して、微笑み（smile）は社交的な微笑みです。「笑いは快や楽しさに由来し、自動的・無意識的であるのに対して、微笑みは社会的な笑いであり、意図的・意識的である」「微笑みは憂いを癒し、共感をもたらし、最後に魂を救済する役割も果たしている」といえそうです。[注2] スマイルという身体現象を介して、自他の間に**共感**を生み出すこと、自己と他者をつなぐ社会とのかかわりを保つために、協調してはたらくその脳領域を、「社会脳」と呼びます。社会脳は、自己と他者をなめらか、かつ豊かにインターフェースする役割を演じます。[注3]

この絵本は、スマイルの持つ自他をゆるやかに結びあわせる人間的な力を表していますが、大人のように「意図的・意識的」ではなく、子どもならではのおのずからのふるまいであることがポイントです。子どもは、**想像力**を介して、自然（この場合雨）と語り合い、自分自身と話をしていきます。ワ

注2
苧阪直行『笑い脳――社会脳へのアプローチ』岩波書店、二〇一〇年、九八・九九頁

注3
同前書、九〇頁

ーズワースはこのような子どもの持つ想像力を、人間を超えた能力という意味で、「**自然の魂**」と呼んでいます。(注4)想像力は人間の世界の中に存在するのではなく、土地の精、瞬間の精なのです。常識や枠組みにとらわれない子どもには、雨(自然)それ自身のうちに身を定め、自分の現実の中で「自然の魂」と一体的になりうるのです。

このことを子どもの視点というとすると、私たち大人は「自然の魂」を持つ存在としての**子どもの視点**からの住まいづくり、まち育てに赴くことの大切さにあらためて気づきます。

注4
オクタビオ・パス、竹村文彦訳『泥の子供たち——ロマン主義からアヴァンギャルドへ』水声社、一九九四年、七二頁

ほほえみ優しい顔立ちの住まいづくり

果たして、スマイルし、「自然の魂」を失わない住まいなど存在するのでしょうか? 筆者は社団法人住宅生産団体連合会主催の住生活月間中央イベントとして行われる「家やまちの絵本」コンクールの審査委員長を一〇年間務めています。その第一回二〇〇五年の「最優秀賞」に輝いた作品、『ユイタとアガイのわったあ家(や)〜』は、まさに笑い、「自然の魂」をはらむ家のことが描かれています(❖4)。この絵本は、東

❖4
金城明美『ユイタとアガイのわったあ家〜』風媒社、二〇〇七年

京に住むユイタが、沖縄のシーサーのアガイの協力を得て、わったあ家＝ぼくの家づくりをするお話。沖縄伝統の材料を使った省エネルギーの家づくりが、守り神のヘビとの出会いという愉快なエピソードによって、そして青や緑や赤の鮮やかな色使いによって盛り上げられる住まいの物語。

作者金城明美さんは、沖縄の小学校の先生。作者は、沖縄の風土に根ざした住まいの物語を通して、現代日本社会全体に浸透しているモノ・カネ重視と閉鎖・固さ偏重の家づくりをこえて、ヒト・モノ・イキモノが相互につながる**生命体**としての家づくりと住まい方を提案されました。

この絵本の特徴は、第一に、本の扉をあけたときの「わったあ家」（ぼくの家）が世界中の住まい絵本の最高傑作であるバージニア・リー・バートン『ちいさいおうち』を思わせるような**微笑み**に加えて、魂の深みからでてくる奥ゆかしい優しい顔立ちをしていることです（❖5）。家と人、内と外、住まいとまわりの環境などの間のゆるやかなつながりによる満足やよろこびの表現としての笑いの表情がにじんでいる「わったあ家」。加えて、そこには風も土もお日様も住み手の多様なくらし方も、みんなつつみこんでいる生命的エネルギーが内からみなぎる、住まいの心のふくよかさが表されています。

第二に、この家は生命をはらむ自然材を活用していることです。土からできた赤がわらや竹やしっくいはいずれも自然の素材であり、これらの組み合わせが太陽熱をコントロールするとともに、自然材であるがゆえに湿気を吸収したり、微妙な空気を通したり、家そのものが呼吸することにつながるのです。おだやかに呼吸するしくみがやわらかな表情を生んでいるのです。第三に、「わったあ家」が優しい表情をしているのは、守りの神の存在です。沖縄独特の屋根に乗っているシーサーは魔よけであり、家の安全、くらしの安全を守る役割をしてくれることで有名です。シーサーという家守りの象徴があることで、家はやすらぎの表情を得ているのです。

第四に、この絵本のいまひとつの特色は、サキシマスジオ（アオダイショウ）の登場により、ヘビが環境の汚れや人の心の汚れを吸いとって、人も環境もきれいにしてくれるという浄化装置的役割を

❖5 満足や喜びから優しい顔立ちを表している「わったあ家」

果たす存在として描かれていることです。

第五に、この絵本の扉では「家には否定の言葉より『そうだね』がいいのです」とアガイがつぶやいています。

先の『カエルとおじさん』でも、「否定」の態度よりも「**スマイル**」の態度が状況を変えていきました。葛藤や対立が起こったとき、微笑みをもって事態に臨みつつ、**トラブルをエネルギーに変える**しなやかなコミュニケーションによって、人も家もまちも螺旋的に成長・発展していく過程を目指すことが、家づくり・まち育ての基本ではないでしょうか。

6 面白がるセンス、ユーモアある態度

ファニー／面白がる

小さな女の子が、大きなライオンをどこに隠せると思いますか？『ライオンをかくすには』（❖1）というイギリスの絵本をひもといてみましょう。

ある日、ライオンが商店街に帽子を買いにやってきました（❖2）。街の人々はライオンをこわがって追いちらしました。ライオンはアイリスという幼い女の子の遊び小屋に隠れましたが、小さすぎました。彼女はライオンをこわがらずに、「ライオンみたいなもの」と思い、彼を家の中に入れてやりました。お父さんとお母さんがライオンが家の中にいることを面白がってくれるように、アイリスとライオンは静かにしていました。ある晩、お母さんが本当のライオンが家の中に

❖1
Helen Stephens, *How to Hide a Lion*, Henry Holt and Co., 2013（ヘレン・スティーヴンズ、さくまゆみこ訳『ライオンをかくすには』ブロンズ新社、二〇一三年）

❖2
商店街にライオンが

いることを知り、金切り声をあげました。ライオンは一目散に家から駆け出し、市役所前のライオンの石像の間に隠れました。そこで、ライオンは市役所から市長さんの燭台を盗んだ二人の泥棒を見つけ、警官が来るまで泥棒を押さえ込んでいました。

街の人々は驚き、ライオンは街のヒーローとなりました。ライオンはどこにも隠れる必要がなくなりました。

市民はライオンのために特別なパレードをしました（❖3）。市長はライオンに何でもご褒美をあげようと言い、お似合いの帽子がプレゼントされました。

この絵本には、危険きわまりないライオンが街を訪れるという破天荒な事態に対して、子どもの**想像力**とまわりの大人の**寛容なファニー感覚**によって危機を突破しうることが、心あたたまる絵と文章によって描かれています。そのキーワードは「ファニー」です。

❖3
ライオンは隠れる必要がなくなりました

小さいアイリスが自分の家に大きなライオンをかくまうという「非常事態」に対し、両親は彼女を包み込むように、心の広さと優しさと慈愛をもって、**「ファニー」＝面白がって**、事態の成り行きを見守ります。真面目すぎる態度はどこか堅苦しく厳格すぎて、子どもの想像力といういまだなかったことへの挑戦的姿勢をホゴにしてしまいがちですが、**変化に開かれた（オープンエンデッド）態度**は、想像力、創造性、意志、主観性などの育みをもたらします。

深刻な事態を面白がるのは不謹慎ではないか、という一面もあるでしょうが、むしろ思いがけない大変な事態に対して方策の不在を嘆く代わりに、**楽しみながら事態の変化と流れの中から乗り越えの方策や生きる意味を発見していく**ことが、複雑な現代を生きていく上で待たれています。**ファニー／面白がること、ユーモア**は、真面目さを否定するのではなく、相対化し軽減し距離をとり、幸いにも解体して、創造的状況を生み出していくのです。

ユーモアは愛である

『としょかんライオン』もライオンが主人公の絵本です（❖4）。もしも図書館にライオンが来たら、あなたはどうしますか？　図書館は本を読んだり借りたり、誰でも入れます。ライオンでも？　ある日街の図書館に大きなライオンがやってきました。図書館員マクビーさんは館長のメリーウェザーさんに「ライオンが入ってきました」と騒ぎ立てます。きまりにうるさい館長は「そのライオンは図書館のきまりを守らないですか？　守っているならそのままに」と言います。ライオンは、本棚にタテガミをこすりつけ、絵本部屋のソファで寝たり……。図書館にはライオンがきたときのきまりはなかったのです。

やがてお話の時間がはじまりました。子どもたちのうしろで読み聞かせに耳を傾けていたライオンは、話に夢中になりました。お話が終わったとき、もっと聞きたいの願いをこめて「うおおおおお……」と大きなうなり声をあげました。かけつけた館長は「静かにできないなら出て行ってもらいます。きまりですから」（❖5）と。小さな女の子が「静かにするって約束すれば、あしたもきてもいい？」と助け舟。

❖4
ミシェル・ヌードセン作、ケビン・ホークス絵、福本友美子訳『としょかんライオン』岩崎書店、二〇〇七年

❖5
「きまりですから」と館長

ある日、けがをした館長を助けるために、ライオンは大きなうなり声をあげてしまい、図書館を出て行かざるをえなくなりました。ライオンがいない図書館は子どもも大人も館長までも落ち着きませんでした。

きまりを変えることになりました。「大声でほえてはいけない。ただし、ちゃんとしたわけがあるときは別。つまり、けがをした友達を助けようとするときなど」。それを知ったライオンは図書館に戻ってきました。ライオン帰還の報を受けた館長は、走ってライオンのもとへ。「走ってはいけません!」と館員。でも館長さんは聞こえませんでした。ライオンに首ったけの館長と子どもたち(❖6)。

この絵本にも、真面目すぎるきまりは、どこか疑わしく薄気味悪いものがあり、状況に柔軟に**心の広さと優しさと寛容**の

❖6
「たまには、ちゃんとしたわけがあって、きまりをまもれないことだってあるんです。いくらとしょかんのきまりでもね」

気持ちが大切であることが見事に描かれています。ルールはひとたび決まると、それを金科玉条のようにいかなる状況にもあてはめてしまう傲慢さが伴います。しかし、常に公共空間の使い方やマナーをめぐるルールは、状況に応じて「何のために？」の基本的問いをもって、人と人、人とまわりの愛や意味や価値を主におき、ゆとり、ユーモアをもって運用することが肝要です。

ライオンをめぐるトラブルに対して、この絵本では、杓子定規的判断ではなく、**ユーモアという喜ばしい覚醒をもって楽しみながら**状況を乗りこえていく様子が明らかにされています。「ユーモアとは、意味の震えであり、意味のよろめきであり、ときには意味の爆発である」[注1]。そのことは、正しいきまりにうるさい館長さんが、ライオンと子どもへの**共感と愛情**から、**ユーモアを伴いながら**、自らきまりの逸脱をしていることにあらわれています。ユーモアは愛である。

変化に開かれた態度

市民参加の公共施設設計の場で、ファニーにふるまう、柔

注1
アンドレ・コント＝スポンヴィル、中村昇・他訳『ささやかながら、徳について』紀伊國屋書店、一九九九年、三七一頁

軟にコトを運ぶことが行われました。愛知県岡崎市康生地区は、「徳川家康が生まれた」という由来があるところ。江戸時代、宿場町として栄えた康生地区は、周辺には岡崎城のある岡崎公園、産業施設、あるいはマンションをはじめとした住宅がある。そこはいわゆる中心市街地と呼ばれる地区で、一九七〇年代、八〇年代には商業地区として全盛期を迎えましたが、九〇年代に入って郊外大型ショッピングセンター進出後、衰退の一途を辿り、日本の他の地方都市と同様の問題を抱えている。こうした地域課題に応えて、二〇〇三年に「図書館を核とした生涯学習拠点施設」であるとともに「中心市街地の再活性化拠点」としての整備運用が進められることになった。こうして岡崎市の都心康生地区再生の一環としての「図書館交流プラザ（愛称：りぶら）」は、基本設計、実施設計、管理運営計画の過程において、市民参加のデザインによって進められました。二〇〇四年度に基本設計ワークショップが開かれ、筆者はその総合コーディネーターとしてかかわりました。二〇〇八年度の竣工、オープンまで、計二四回のワークショップには、大規模複合公共施設という空間的に難しい内容、四年にわたるロングランにもかかわらず、一回あたり平均六四人の市民が参加。オープン後の「りぶら」の入場者は七カ月で一〇〇万人超という利用度の非常に高い公共施設となりました。(注2)

一連のワークショップの中で、七回目、実施設計に突入したときのことです。冒頭、ある市民が「岡崎市の財政もひっ迫してきている。建設費だけでなく管理運営費も膨大、金食い虫の施設づくりはやめよう」と強い否定の意見を述べました。緊張感の高まる会場。コーディネーターや行政が直接答えては、怒りの火にさらに油を注ぐことになる。そう思った筆者は、会場からの発言を待ちました。案の定、一人の市民が立ち上がり「あなたのコストダウンの話は大切。そのことを目指しながら、三七万人もいる岡崎市で市民が参加して施設設計をここまでやれたことはすばらしい。それを生かしながら、ぜひ実現させましょう」とポジティブな意見を提起。ワークショップは前に進み、最後のグループ別発表のときには、強い反対意見を述べた市民が積極的提案の発言をするに至りました。すなわち図書館は「お城の前にあるために整った形になっているが、外に開いて縁側のような場をつくりましょう」と。その発言がきっかけで、図書館内のレストランの外にデッキがのび、後にパンフレットに「誰もが気軽に訪れることのできる『まちの縁側空間』」とうたわれるようになりました。

反対の意見に生真面目に対応することを超えて、ファニーさやユーモアを前面にまではとてもいかなかったのですが、少なくとも、**ゆとりをもってかつ、変化に開かれた（オープンエンデッド）態度**で対処することによって、対立を対話に変

注2
延藤安弘『まち再生の術語集』岩波書店、二〇一三年、九二〜九六頁

え、市民間の共感を呼ぶ合意形成に至ることができました。

市民・行政間の協働のまちづくり・まち育てを深め広げていくとき、**ファニー感覚、面白がるセンス、ユーモアある態度**がコミュニティ・ビタミンとして欠かせないと思います。

7 生の実感を分かち合う

認知症を生きる

国のデータによれば、六五歳以上の高齢者の認知症は二〇一二年時点で推計四六二万人。さらに数年以内に認知症になる確率が高いＭＣＩ（軽度認知機能障害）の認知症予備軍を合わせると八〇〇万人以上に上るといわれています。これは六五歳以上の高齢者の四人に一人が、すでに認知症か認知症予備軍という計算になります。

昔は本人をぼけ扱いや特別扱いせずに、「その人らしさ」を取り戻せる、**まわりの気配り**とのつながりがありました。しかし現代は認知症を抱えることで特別扱いをし、まわりとの関係が喪失され、いっそう事態を悪化させる傾向があります。

ところで、オーストラリアの絵本に、認知症になったおばあさんが幼い子との**かかわり**、**つながり**によってその危機を乗り越える物語絵本があります。

原題は『ウィルフリッド・ゴードン・マクドナルド・パートリッジ』というある男の子の名前です。邦訳では『おばあちゃんのきおく』（❖1）。認知症を生きる物語の中に分け入ってみましょう。

つながりからの記憶回復へ

郊外の一戸建て住宅に住むウィルぼうやは、隣りの老人ホームに塀の破け目を通って毎日遊びにいきました。老人たちの家は、いわゆる「老人ホーム」といった感じではなく、深い庇（ひさし）のある、まるで縁側のようにくつろげるデッキがあります。そこにはゆったりと座り心地のよさそうなひじかけ椅子が置いてあり、老いていく時間を豊かに生きるお年寄りたちの暮らしぶりが感じられます。

淡い色調で、人物に少しデフォルメを与え、個性的に描き、バックを白地のままにしたイラストは、人物たちを際立たせる効果を見せています。彼にとって六人のお年寄りの中で最も好きなのは、ナンシー・アリソン・デラコート・クーパーおばあちゃんでした。なぜならウィルぼうやと同じように名前が四つあったからです。このナンシーおばあちゃんに、内緒の話を何でも聞かせてあげました。

ある日、パパとママがナンシーおばあちゃんのことを話し

❖1 Mem Fox & Julie Vivas, *Wilfrid Gordon McDonald Partridge*, Omnibus Books（メム・フォックス文、ジュリー・ビバス絵、日野原重明訳『おばあちゃんのきおく』講談社、二〇〇七年）

ているのが聞こえてきました。「お気の毒ね」とママ。「記憶を失くしてしまったからネ」とパパ。「キオクって何？」とウィルぼうやはたずねますと、「君がおぼえているものだよ」とパパ。合点がいかないウィルぼうやは、もっと確かめたいと思い、ひとりひとりのお年寄りにたずねます。

「ほのぼのとあたたかいもの」「遠い昔のなつかしいもの」「悲しくて泣きたくなるもの」「思わず笑いだしたくなる楽しいもの」「お金よりも何よりも大事なもの」とひとりひとりのお年寄りの答えは違いました。それを聞いたウィルぼうやはますます混乱しましたが、大好きなナンシーおばあちゃんが失くしたキオクという大切なものを取り戻してあげたいと「**必死のパッチ**」で思った彼は、家に戻り、バスケットにキオクに対応するものを入れてナンシーおばあちゃんを訪ねました。

「あたたかいもの」として生みたての卵を手渡しますと、ナンシーおばあちゃんは、昔、親戚のおばさんの家の庭で見つけた青いまだらのある卵のことを話しはじめました（❖2）。「なつかしいもの」としてずっと前の夏の日に靴箱にしまっておいた貝がらを差しすと、彼女は貝がらを耳にあて、海辺に行ったとき、はいていた編みあげブーツが暑苦しかったことを思い出しました。彼が亡くなったおじいちゃんからもらったメダルを「悲しいもの」として渡すと、彼女はお兄さんが戦争から戻ってこなかったことを悲しそうに話しました。「楽しいもの」として操り人形を手渡すと、おばあちゃんはかつて妹が泣きじゃくっているとき、操り人形で遊んでやると笑いはじめたことを話しました。ウィルぼうやにとっては「お金より大切なもの」のラグビーボールをおばあちゃんの手に投げ、彼女はウィルぼうやにポンと、ボールをついてみせました。瞬間、思い出しました。おばあちゃんとぼうやが出会った日のことを。ふたりの秘密の話も全部。ふたりは顔に微笑みをうかべとってもうれしいキモチになりました。だって、ナンシーおばあちゃんの記憶がもどってきたのですから。それもこんなに幼い男の子のおかげです。

生の実感の体験

「老い」「認知症」という私たちが避けて通れない重いテーマを、この絵本はなんとほのぼのとした**人と人のかかわりと心のふれあ**

❖2
ナンシーおばあちゃんは思い出を話しはじめる

いの物語として、それを乗り越える可能性を示していることでしょう。高齢者たちを隔離したり、孤立させないまち育て、生きがいをもって穏やかな老後を送れるようなコミュニティづくりのイメージを促す作品です。

記憶という人間にとっての精神的生命は、何から成り立っているかを、この絵本は示唆しています。それは「あたたかい」「なつかしい」「悲しい」「楽しい」「価値ある」といった**身体感覚と生の実感**から成り立っているようです。生の実感とは「われわれは立ち、坐り、歩き、横たわる。われわれは空間と時間の中に生き、見、聞き、触れ、味わい、匂いを嗅ぎ、そしてお互いに、また第三者と、さまざまな状況を感じる。われわれは思い出し、考え、想像し、注意し、（どれかの感覚で、あるいはすべての感覚で）感じ、行い、話し、お互いに出会い、熟考し、驚き、疑い、信じたり信じなかったりし、愛したり憎んだりし、やりぬいたり諦めたりする」（注1）ところから来るのです。

この絵本には、ナンシーおばあちゃん自体が、子どもの時代にそのような**生の実感ある体験を多様に享受**していたことが描かれています。そしてそれが記憶の源泉となり、失われ

注1
R・D・レイン、塚本嘉寿・笠原嘉訳『生の事実』みすず書房、二〇〇二年、三頁

た記憶が再び回復するようすがとなっていることが明らかにされています。

子ども時代、生の実感を体験することが、老いを健やかに生きることにつながり、認知症になったときも認知症を生きることにつながるのではないかと思います。この物語は、認知症対策は**まわりとの関係性、楽しいかかわり合い**の修復・創造にあることを伝えているとともに、子ども時代に多様な生の実感の体験を持つことが重要であることを暗にほのめかしています。

二一世紀の社会・経済・政治を見通し〝ヨーロッパの最高の知性〟と称されるジャック・アタリは、そのようなことを単なる「子どもの権利」ではなく「**子ども時代を持つ権利**」と呼んでいます。「子ども時代を持つ権利」とは、「サンタクロースを信じ、愛され、お話をしてくれる人がおり、金の心配をしないで生活でき、どんな強制も受けない権利、つまりつねに愛に囲まれている権利のこと」(注2)です。

そこで「子ども時代を持つ権利」をシンプルに描いた典型絵本〝Marshmallow Kisses〟(『マシュマロ・キス』❖3)をとりあげましょう。ここには夏の日の完璧な喜びがいっぱいあふ

注2
ジャック・アタリ編著、岩澤雅利・木村高子・加藤かおり訳『いま、目の前で起きていることの意味について——行動する33の知性』早川書房、二〇一〇年、三八八・三八九頁

❖3
Linda Crotta Brennan, illustrated by Mari Takabayashi, Marshmallow Kisses, HMH Books for Young Readers, 2000

れています。デッキでブランコにゆられながらジュースを飲んだり、砂のケーキを焼いたり、木の下でテント小屋をつくったり、庭先のコーンや豆をとって食べたり、子どももお年寄りも夏の夕方の出会いの喜びを分かち合ったり（❖4）、**生涯心に刻まれる楽しさ**の感動がリズミカルにあふれています。

子ども時代の楽しさの体験の降り積もりが、生涯の思い出をつくり、いっぱいの思い出を次世代に継承するつながりが、高齢者も子どもも生きる力を内から育み、生きる意味を紡ぐのですネ。

認知症予防のまちの縁側を

ところで、子どもと若者と高齢者の混ざり合いの居場所では、実際そのようなことが起っています。高山市のまち中にあるデ

❖4 子ども時代の楽しさあふれる、子どももお年寄りも混ざり合う場

イサービス「りびんぐ」には、障がい児も健常児も認知症のお年寄りもともに同じ生活の場を分かち合っています。あるアルツハイマー症の九〇歳のおじいさんは、ここに来た当初はひとりあらぬ方向を見ているばかりでした。ある日、若い女性スタッフが、彼がかつてトマトづくりの達人だったと知りました。彼女はおじいさんに「トマトづくりを教えてください」と弟子になることを申し出ました。やがて彼は雨の日には自分で長靴を持ってきて作業をするようになりました。仕事は順次丁寧に進めます。立派なトマトが育っていくとともに、おじいさんの眼差しが輝き、血色が良くなり、しっかりと行動するようになっていきました。医学的に治療の難しい状態が、得意技の発揮、若い人との言語的コミュニケーション、ハンド・ツー・ハンドの接触的コミュニケーション、なりものが熟していく時間の流れなどの中で、判断力と生きる力が回復・再創造していきました。**生の実感を分かち合える**「まちの縁側」効果があらわれました。

ここにも、先の絵本と同じように、若者と高齢者のつながりとそこに生まれる感動の表現の場づくりの効果があらわれています。

迫りくる危機に対して、認知症予防・改善のために、高齢者と子ども、多世代の**混ざりあい**、**出会い**、**交流**が創発するまちの縁側、コミュニティ・カフェ、居場所づくりの多様な実践がますます重要となっています。

8 逆境をエネルギーに変える

夢の実現を目指して

ユーロ・トンネルができたとき、イギリスの色彩の魔術師と言われる絵本作家ブライアン・ワイルドスミスは〝THE TUNNEL〟(『トンネル』❖1)を創作しました。

ロンドンに住むモグラのマーカスは、ある日パリに住むいとこのピエールに手紙を書きました。

「ぼくは、以前からあなたの国へ行ってフランス料理に舌鼓を打ちたい、エッフェル塔に上がりたいと夢を持っている。そこでフェリーにのってイギリスからフランスに行こうとしたところ、人間から『モグラは船に乗るな』と言って降ろされた。ぜひパリに行きたいけど、どうしたらいいかな?」

折り返しパリのピエールは返事を書きました。

「ぼくもかねてからロンドンに行って二階建ての赤いバスに

❖1
Brian Wildsmith, THE TUNNEL, Oxford University Press, 1993
イギリス側の表紙。物語は、上に英語、下にフランス語で書かれている

乗りたい、ロンドン橋を渡りたいと思っている。そこで一案だが、お互いの海岸べりに出て海底深く穴を掘り進めてトンネルが通じ合うと、お互いの夢は実現するかもわからない。図面を送るからやってみないか？」

ピエールはキャドに向かって描いた図面を、マーカスに送りました。マーカスは喜びました。図面をコンピューターから出力し、海岸べりで測量を始めました。そこにやってきたのはテクノラットというネズミ。「こんなものは役に立たない」と。テクノラット（techno-rat）とは、何でも基準通りとか、前例がないことはしないテクノクラート（technocrat：技術家行政官）をもじって揶揄しているのです（❖2）。

しかし、アナグマは言いました。「素晴らしいアイディアだ。トンネルが完成すると私たちみんなフランスに行けるよ。マーカス、どんどん掘り進みたまえ」。こうしてテクノラット（固い行政）の壁を越えて、仲間に励まされてマーカスは掘り進みました。数マイル掘った段階で、水がトンネルにこぼれてきました。海の魚やカニやエビたちは「ストップ、ストップ、海の水が全部トンネルの中に漏れてしまうよ」と叫びました。

❖2
「テクノラット」が登場する

仲間のアドバイスを受けて、マーカスはもっともっと海底深く掘り進みますが、くたくたに疲れてしまいます。しかしマーカスは埋もれていたタカラモノを見つけました。「ラッキー！　タカラモノを売って最新のトンネル掘削機械を求めよう」。そして手に入れた機械で非常に力強くトンネルを掘り続けました。テクノラットは「騒音がひどいな」と叫びます。突然、マーカスは海底深くに住むモンスター集団に通せんぼをされました。化け物たちは「ここはわれわれの住み家だ。通りたければ大枚はたいていけ」と脅しました。機械を買ったので、マーカスはもうお金を持っていませんでした。

トラブルにまきこまれる

困り果てたマーカスは咄嗟に機転を働かせました。「ダーツをやりませんか。もし僕が勝ったらここを通してください」と。彼らは同意し、イギリス国民のかたわれのマーカスは、得意技のダーツで相手を打ち負かしました（❖3）。

さらに掘り進み、とうとうトンネルの向こうに、マーカスはピエールを発見しました。ここで「絵本のそでについているダイアルを回してごらんなさい」とあります。すると、ロンドンとパリの二匹のモグラが肩を抱き合っている場面が出てきます。さらに回すと、ルーブル宮殿、凱旋門、エッフェル塔……が現れます。

マーカスは夢を実現しました。

さらに「この絵本を一回閉じなさい。そして反対に向けてごらん」となっています。そうすると、今度は表紙にフランス国旗をもったモグラ、ピエールの姿が見えると同時に、フランス語のタイトルがうかがえます（❖4）。表紙を開けますと、ピエールがマーカスから手紙を受けとったシーン。ピエールはフランス側の海岸べりで穴を掘り始めます。そこに登場したのがビューローラット（Bureau-rat）。何事も杓子定規な Bureaucrat（官僚）を揶揄しているのです。ビューローラットが「君の計算は間違っている」と言うのに対して、ピエールは「ぼくは臨機応変に掘ることができます」と切り返します。ビューローラットは積み上げた書類を前にして「この書類全部にハンコをつかないと、前に進んではならぬ」と。

杓子定規の官僚制が、世界広しといえどもフランスが一番きついことをイギリスの作家はちょっぴり皮肉っています。物語はイギリスのマーカス

❖3
モンスターとの戦い

と同じように進行し、ピエールの夢はかないました。

「絵本をさらに楽しみたければ、逆さまにひっくり返してごらん」……。するとまたイギリス国旗をもったマーカスの物語が始まります。

という具合にこの絵本は仕掛け絵本として秀逸であるとともに、トンネル掘りをめぐるいくつものトラブルを乗り越えていくプロセスは、現代まちづくり・まち育ての発想を養う上で非常にユニークです。

「トンネラー」の原動力

トンネルづくりに発生する葛藤を越えていくことを物語化したこの絵本は、「トンネラー」のことを描いているともいえます。

「トンネラー」とは、あたかもトンネルをくぐり抜けるかのように、人生やまちづくりの圧倒的困難をするりとくぐり抜けることができる人々をいうのです。発達心理学や組織行動学などの学問領域では、トンネラーを特徴づける隠れた資質を特定する研究が行われています。『トンネラーの法則』(注1)と

❖4
フランス側の表紙。今度は上にフランス語、下に英語で文が記されます

注1
ロム・ブラフマン著、藤島みさ子訳『トンネラーの法則』CCCメディアハウス、二〇一三年

いう最近の話題書によれば、トンネラーは三つの原動力を持っています。

第一に、自分が置かれた困難な状況において、困難の奥にある意味を見出す独特の能力があり、目標達成のためひたむきに取り組む姿勢を持っていることです。マーカスもピエールも、テクノラット（杓子定規なことの運び）やビューローラット（固い基準を押し付ける）に対抗して、トンネルを掘るという手段を通じて、夢を実現したいという一念から、自分を掘削機械の運転席に座らせました。トンネラーの原動力は、**困難に意味を見出す、ゆるぎない決意をする、自分を状況を変える運転席に座らせる**ことです。まさに「何を目指して生きるんや[注2]」の目標を生命のように大切にすることです。

第二に、トンネラーの原動力は、大変な事態になっても物事への向き合い方において、穏やかな態度で状況に対応できるという卓越した能力にあります。その際、ユーモアを活用したり、創造的なやり方で気力を高めたり、社会との絆を築いたりします。

ロンドンのモグラもパリのモグラも、モンスター集団に通せんぼをされますが、機転を働かせて状況をくぐり抜けまし

注2
延藤安弘『何をめざして生きるんや——人が変わればまちが変わる』プレジデント社、二〇〇一年

た。**遊び心をもって自分の得手を生かし楽しみながら難関を乗り越える**発想とセンスが、トンネラーにはあるのです。

第三に、トンネラーの原動力は、人との付き合い方において、他者の助けや支援に大きく依存していることです。マーカスもピエールも困り果てたときに、仲間の動物たちから励ましや助言をもらって前進しました。トンネラーは「**絶対的に信頼し頼りにしている存在、無条件で彼らを愛してくれる存在」**(注3)**に恵まれている**ことが力となるのです。いつでもそこにいてくれて、力のもとになってくれる存在を、本書では「サテライト」(注4)と呼んでいます。自分には味方になってくれる力がいる。必要なとき、いつでも頼りになる人々がいるということを知っていれば、人生においてもまちづくり・まち育てにおいても重荷に耐えることがずっと容易になります。

注3 『トンネラーの法則』四一頁
注4 『トンネラーの法則』一八三頁

「トンネラー」の性格特徴

困難な事態をくぐり抜けられるトンネラーには、五つの中核的性格特性があるとこの本は伝えています。①外向性……他人との交流を楽しむ、②同調性……他人との衝突を嫌い、気配りがあり共感的である、③開放性……経験の意味することを開かれた問題意識で解読できる、④誠実性……責任感が高く、目的がはっきりしていて、自分に厳しい、⑤先行きを心配する傾向……情緒が安定しているか、神経症的傾向。

　とりわけ重要な性格特性は、③の経験に対するオープンマインドでしょう。すなわち、いかなる状況にも創造的に思慮深く取り組むことができる、「一見関係がないように見える物事の間にも関連性やパターンを見出せる抽象的思考能力」[注4]が大切です。その点で、芸術や美的感覚、新しいものの見方に引きつけられる感性の柔らかさが求められます。二匹のモグラは、化け物集団に、遊び心をもってゲームを申し出て勝負を挑んだ――そこには危機に直面したとき遊び心やユーモアの力で緊張を和らげることとの必要性が示されています。「**おおらかな気質とユーモア**を組み合わせれば、人生で必ず遭遇する艱難辛苦から自分を守る人生への向き合い方を身につけることができるようになる」[注5]のです。

　まとめましょう。絵本『トンネル』を手がかりに、トラブルをエネルギーに変える「トンネラー」の資質・性質を考察

注5　『トンネラーの法則』一七四頁

してきました。現代まち育てにおいて逆境を克服するトンネラーの原動力は、①困難に遭遇したときの「何のため?」の志向を深める**目標思考力**、②困難に対して創造性と情熱をもって意味を発見する**意味づける力**、③自分が大切と思うことをひたむきに追求する**粘り強さと仲間との協働力**、にあります。これらはまさに、現代まち育てにおけるコミュニティ・ビタミンといえましょう。

Ⅱ

「楽しさ」を旨とする
――住まい・まち育て篇

9 子どものつぶやきは物語のはじまり

子どもをめぐる「サンマ」の不在

梅雨のさなか、名古屋市営地下鉄東山線の終点駅藤が丘から奥三河に向けて車を走らせていました。同乗していた長久手市に住んで十数年のFさんは、夕方の密集する車の列、信号を待ちながら「この辺りは、土地区画整理事業が入るまでは、イノシシやタヌキが走っていたところです」と。名古屋大都市圏の開発進行におけるひとつの象徴的出来事が語られるのを耳にしながら、ふとある絵本のことが頭に浮かんできました。

南米ベネズエラ生まれの『道はみんなのもの』（❖1）という絵本の冒頭は、「いまから一〇〇年ほど前のことです。草木におおわれた山の斜面では、ピューマが歩きまわっていま

❖1 クルーサ文、モニカ・ドペルト絵、岡野富茂子・岡野恭介訳『道はみんなのもの』さ・え・ら書房、二〇一三年

した」から始まります。近代というシステムは、強い社会的エンジンをもって、自然環境を都市的人工環境に変えていきます。先住の生き物たちは一方的に追い出され滅びていきます。

そのことを痛切に、かつおかしみをもって批判的に描かれた絵本のひとつに『ぼくはくまのままでいたかったのに……』（❖2）が挙げられます。一匹のくまが冬眠している間に、まわりが開発され工場になる。冬眠からさめると工場の職長から「おい、おまえ、とっとと仕事につけ」とどなられ「ぼくは、くまなんだけど……」とたまげつつつぶやきますが、聞き入れられず、うす汚いひげもそらない怠け者にされてしまいます。人間の身勝手さと自然のままでいたかったくまの間のやりとりは、風刺をこめた**ユーモア**がいっぱい。

人間・大人の身勝手さは、自然の生き物に及ぶだけではありません。大人の身勝手さは、子どもの生きる力を育む遊びの環境を奪っていきます。車時代になってから子どもたちは道では遊べなくなり、ハラッパも開発され、**自由な遊び**の「空間」を奪われていきました。縦の異年齢集団がわけあってなくなってから遊びの「仲間」も失っていきました。子ど

❖2
イエルク・シュタイナー文、イエルク・ミュラー絵、おおしまかおり訳『ぼくはくまのままでいたかったのに』ほるぷ出版、一九七八年

もたちは塾通いなどで遊びの「時間」も喪失していきました。三つの「間（マ）」を奪われた現代の子どもたちは、「サンマ」の不在のもとに置かれています。「サンマ」のいない状況をどのように変えていくことができるのでしょうか。

住み手の自律の力

そのことを考える上での示唆的な絵本が先に挙げた『道はみんなのもの』です。ベネズエラは工業化が進んで、首都カラカスには大勢の人々が農村部から集まってきました。人びとは、まちを取り囲んでいる山の斜面に、セルフビルドで家々を建て、その数はどんどん増え、子どもたちの遊ぶ場所もなくなりました。こうしてできた集落はベネズエラでは「バリオ」と呼ばれ、今日のカラカスの人口の約半分がこうした貧困者居住区に住んでいます。

それは「にわかづくりのそまつな家」といわれますが、家々の表情は、ある種の個性的な柔らかさが漂っています（❖3）。木や波板やトタンのありあわせの素材をコラージュ的に組み合わせた家の表情は、出来合いの集合住宅の無表情さや固さと好対照です。そこには、貧困による居住水準の低さや密集の危険性を超えなければならないという社会問題があることを認識しながらも、住み手が自ら住まいをつくり住まうという「**自律の力**」による有機的なハウジングのありようの原点を感じさせてくれます。

ここには、ペルーなどのスクウオッター居住地を調べて、ハウジングの原理的あり方を示唆したジョン・F・C・ターナーのいう"People build and live in houses"（人々は家を建てて住む）との呼応を思わせます。すなわち、この一行は、住み手は自ら「建てて住む」というハウジングの担い手であることを明瞭にしています。この絵本では、家と家の間をぬう道が子どもの遊び場であったのに、車の走行のために子どもは道からはじき出されます。そのとき「道はみんなのものだよ！」と**つぶやき**が出され、子ども自ら「遊び場をつくろう！」と発意します。そこには住民は、家も道も遊び場も**自ら****つくり使いこなす**可能性のある存

❖3 コラージュ的な家の表情が、有機的なハウジングの原点を感じさせてくれる

在であるという視点がのぞいています。

アクション・オリエンテッド・プランニングで遊び場づくり

住民・子どもが自ら遊び場をつくるということは、決していきなり設計をし、施工をするということを意味するわけではありません。まずは「どこにどんな遊び場をつくるか?」の**企み**を起こし、その意思を行政に届け交渉する**プロセス・プランニング**が重要です。子どもたちは「遊び場がありません。公園をつくってください」の横断幕をともにつくります（❖4）。**つぶやきから表現へ**のアクションが、

❖4 つぶやきから表現へのアクションが連なっていく

次々と連なっていくコトの運びを「**アクション・オリエンテッド・プランニング**」と呼びます。子どもたちは楽しくもあり葛藤もある活動を次々と展開する「アクション・オリエンテッド・プランニング」の実践活動に赴きます。対立がたびたび起こります。市役所の警備員、警察官とのぶつかり、「悪がきどもをひっつかまえて、刑務所に入れる」という警察官の威丈高な態度に、母親たちが立ち上がります。心ある図書館員や新聞記者が子どものつぶやきを束ねて、新聞でも報道されます。悪がきどもの「反乱」に対して、議員は選挙対策として、ある公共用地を子どもの遊び場にすると公約しますが、選挙が終わるとそのままで何もコトが運ばれません。

しかし、やがて子どもの親たちが「なにも役所に全部やってもらわなくてもいいんじゃないか？　土地はあるんだから、おれたちで子どもたちの公園をつくってやろうじゃないか」と言いながら、町内会で集会を開くようになります。「板なら何枚かある」「おれは大工をしていた」「ブランコに使うロープが何本かある」……と住民たちはだんだん身を**乗り出して話をすすめ**、こうして近所の人たちみんなの公園づくりがはじまりました（❖5）。子どもたちは、自分たちの手でつくった看板を、フェンスに取りつけました。

「公園はみんなのもの。どうぞ楽しんでください」

この物語は本当にあったことから生まれました。しかし公園づくりは未完の**物語**の中にあります。この絵本は「こんな暮らし方がしたい」の夢を持ち、夢のために**トラブルをバネにし**ながら楽しい活動を連ねていくことの大切さと、**つぶやき**は未完の物語の中に人々を連れ出してくれることを語りかけています。

遊びの権利とプレイパーク

ところで、そもそも子どもにとって遊びはなぜ大事なのでしょうか。

「子どもは遊びを通して、環境を対象化した世界をもつ、無制限に『**世界開放的**』に行動しうる存在である」と哲学的人間学のシェーラーが語るように、遊びなくして子どもの人間力は育まれません。また「遊びの役割は、脳の潜在能力を現実化することにある」（サットン・スミス）ように、**遊び**を通して子どもは身体的・知性的・感性的・精神的力を育むのです。で

❖5 みんな、時間が空いているときにやってきては働いた

あるが故に、「遊びは生きることを学ぶ術である」と「遊びの権利」を明確にうたいあげた「マルタ宣言」（一九七七年、国際児童年の準備に開かれたマルタ会議）は、世界中に子どもたちの遊びの重要性を鮮明にしています。

日本の子どもたちの置かれている「サンマ」の不在の深刻な事態を改善するための現代的活動は、国際児童年にちなんだわが国ではじめての冒険遊び場（羽根木プレーパーク、世田谷区）づくりに発して、全国津々浦々に広がっています。冒険遊び場とは、禁止事を極力なくし、子どもたちが自分の**自由意思で自由**に思いっきり遊べる場のことです。本書の訳者もこの本の翻訳をきっかけに、横浜のプレイパークに実践的にかかわっておられます。

全国のプレイパーク育成運営にかかわっている「日本冒険遊び場づくり協会」は、各地の動向を束ねています。「通信第55号」（二〇一三年七月一日発行）を見ますと、東北での震災復興活動とのつながりの中での山形のプレイパークづくりが取り上げられています。避難所に外遊びの場がなかったがために病気になった子どものことへの思いを寄せ、「ソトデアソビダイベシタ」（山形弁で「外で遊びたいよね」の意味）の呼びかけポスターが目にとまりました。

ベネズエラの子どもの「道はみんなのもの」のつぶやき、日本の子どもの「外で遊びたいよね」のつぶやき、**つぶやき**は「みずから」を未完の**物語**の中に連れ出す状況をつくる人間的内的エネルギーなのです。

10 創意と協働で住まいをつくる

よい家づくりはよいプランから

ある家族はまち中の古い家をたたんで、田舎に新しい家を建てることになりました。敷地の整備から家の竣工に至るまでの一年半、パパもママも子どもも二人もかかわっていく家づくりの各段階が、臨場感をもって描かれている絵本“Building Our House”(『私たちの家を建てる』)の中に、さっそく分け入ってみましょう(❖1)。

車がよく通る道から離れたところの、雑草いっぱいの敷地をお百姓さんから買いとりました。家族四人と、「ウィリー」と呼ばれるトラックが家づくりの基本的クルーです。主人公の幼い女の子「私」は、図面を運ぶママのお手伝いをします。「よい家づくりはよいプランから」とママはつぶやきます。幼い弟は道具を運ぶパパのお手伝いをします。「まっと

❖1
Jonathan Bean, *Building Our House*, Farrar Straus & Giroux, 2013

うな仕事はまっとうな道具から」とパパがつぶやきます。新しい敷地に家を建てる間、寝泊りのためのトレーラーハウスが置かれます。長いドリルの掘削機械をとりつけたトラックが敷地に入ってきて、井戸水を流す配管工事が行われます。バケットをつけたトラックが電柱からトレーラーハウスに電気を送る電線工事をします。

こうしてトレーラーハウスを住めるようにして、新しい家づくりに入っていきます。ウィークデーはパパは仕事のためにまちへ出かけ、週末はウィリーを動かし作業にあたります。近所の牧場にいって岩を集めます。採石場から砂や石をウィリーで運び、建設に必要な資材が一通りそろいます。

晴れわたった寒い夜、パパは基礎のコーナー部を北極星にそって打ち込みます。北側の一枚の壁は、風よけに、東面は朝日を歓待し、南はお日様をいっぱい浴びられるように、西は夕日を拝めるようにと配置を考えます。

あたたかい日には、地面がやわらかいので、手伝いにきていたおじいさんが長いアームの先にバケットがついた掘削機（バックホー）で穴掘りをはじめます。やがて敷地に四角い穴ができ、ここに新しい家の基礎がつくられます。

強くて納まりの美しい家

パパが板をのこぎりで切り、ママは金づちで釘をうちつけて型枠をつくります。パパはその中に石を置いていき、ほかのみんなはガラガラと音をたてるコンクリートミキサーに、セメント、砂、小石、水を入れて混ぜます。そしてママは、手押し車に入れたコンクリートを型枠に流し込みます。

コンクリートが固まると型枠がはずされ基礎が出来上がります。弟はパパの木材チェックを手伝います。パパはつぶやきます。「しっかりした家づくりにはしっかりした木材を」と。私はママが木材にマークを入れていくのを手伝います。ママはつぶやきます。「正確さを期すためには二回測ること」と。ドリル、のみ、木づちで、梁（はり）がきちんとつながるための仕口を丁寧につくります。どの梁も柱もマークされ、お互いにぴったりと納まるようにしていくと、やがて「ビッグ・パーティ（上棟式）」

❖2 「しっかりした家づくりにはしっかりした木材を」「正確さを期すためには二回測ること」

につながるのです。子どもたちはプール遊びをするだけでなく、家づくりのお手伝いをします（❖2）。しかもそれぞれの作業の連なりを通して「強くて納まりの美しい」家づくりとなることが生き生きと描かれています。**人と人、材と材のつながりがしなやか**で美しい家を生み出します。

「上棟式」がやってきました（❖3）。家づくりクルーの家族、祖父母、ひいおじいさん、地域の住民、職人などが勢ぞろいです。日の沈むまで働いた後、火のまわりでみんなで食べたりおしゃべりしたり遊んだり、やがてお星様が輝き、ふくろうの鳴き声が響き渡ります。

冷たい雨が早くも降る中で屋根

❖3
上棟式には、おじいさん、おばあさん、地域のみんながやってきた

をふきはじめます。子どもとネコが猫車の下で雨やどりをしている微笑ましいシーンが印象的です（❖4）。寒い冬に備えてストーブを買い求め、ストーブのそばで平面図の最終チェックをします。断熱材を入れ、ボードがはられます。週末も夜も作業が進行します。パパが昼間働いている間も、おなかに赤ちゃんのいるママは壁のペインティング……。そして、とうとう引っ越しパーティーの日（❖5）。

新しい家は川に向かって張り出し、まわりの自然環境を気持ちよく呼吸するような姿形に出来上がりました。パパとママが忙しいので私が運ぶ人に家具の置き場を指示します。

引っ越しが完了しました。みん

❖4 冷たい雨の中、猫車で雨やどり（下部）

❖5 ついに引っ越しパーティーの日

な帰った後、家族で新しいお家での最初の夜をむかえます。

協働と信頼関係づくり

作者ジョナサン・ビーンは、ニューヨークのヴィジュアルアートスクールを卒業し、これは自ら絵と文をかいた二番目の作品です。この絵本は、両親の実体験、すなわち自らの幼少時代の経験をもとにしたものです。作者の両親は自分たちをホームステッダー（入植者）と位置づけ、家づくりに創意と自立のパイオニア精神でのぞみました。「**創意と自立**」のライフスタイルは、家づくりの一連の工程の家族間分担と楽しい連携の中に横溢しています。

「創意と自立」に加えて、家づくりクルー（家族も親類も職人も地域住民も）が節々で力を寄せ合う協働の仕組みが成立していることも注目されます。「創意と自立と協働」が家づくりのプロセス全体のコンセプトになっています。加えてモノとしての住まいづくりの必須条件は、物語の進行過程でのパパとママのつぶやくキーワードとして明らかにされています。すなわち、

「よい家づくりはよいプランから」
「まっとうな仕事はまっとうな道具から」
「しっかりした家づくりにはしっかりした木材を」

「正確さを期すためには二回測ること」

作者のあとがきによれば、「創意と自立と協働」のパイオニアワーク的な家づくりとは、決して家単位だけのものではなく、大きな庭、果物の木、ペット、樹林地、神秘的な湿地を流れるせせらぎ、などがなくてはならないとしています。そうした**自然環境の真の豊かさ**とともに、**家族と親類縁者と近隣の人々との協力・協働、そして実際的で生き生きとした相互信頼関係**といったコミュニティ・ビタミンが欠かせないことが指摘されています。「子ども時代をおくるのにこれ以上の場所はなかった」という作者の言葉の中に、子ども自らが住まい・コミュニティの育みの現場に身をおくことの重要性がまざまざと示されています。

筆者自身、子ども時代、道端で大工さんが粗々しい太い木をカンナで削りスベスベの美しい材にし、やがて凛とした骨格の家が建ち上がっていく様相に深い感動を覚えました。子どもの頃の、生きた家づくりの直接体験、または触れられる経験は、生活空間への関心と創造への感受性を育むことにつながっているに違いないと思います。

11 間合いがまちを元気にする

住まいの出入り口とそのまわりは、いろいろな役割を果たします。それは、住み手が外から帰ってきたときにホッとする帰着感をかきたてられるところ、雨よけのある守られたところ、住み手の個性を表出するところ、子どもがステップに座って遊ぶところ、人と人・人と風の出会うところ、などです。住居・建築の**出入り口や敷地境界のエッジの硬軟如何によって、まちの魅力は左右**されます。ここでは、住まいの出入り口まわりのしつらえ、エッジの柔らかさが絵本の中でどのように描かれているかに着眼し、そのあり方を考えてみましょう。

ダッチドアは上下に開閉が分かれる

オランダの絵本“My House, Your House”(『わたしのいえ、あなたのいえ』❖1)の表紙には、四軒が連続しているテラスハウスがみられます。この四軒を見て面白いと思うのは、一軒一軒の壁面の色合いも、玄関扉も開口部もそれぞれに違いがあることです。観音扉の鎧戸がついている窓、額縁のような枠の中の花とカーテンの表情が滲む窓、ドアは一枚一枚違い、右端のものは上・下に開閉が分かれています。これは「ダッチドア」というオランダドアの特徴です。敷地境界には低い緑の垣根があってもお互いの子どもたちが往来できます。

「庭はみんなのもの」の**意識**が表れており、**エッジの柔らかさ**が見られます。

「間合い」のある町角

オランダの開放性と柔らかさに対して、出入り口も庭と道の間も閉じがちな日本の家々。『はじめてのおつかい』を頼まれたみいちゃんは、一〇〇円を二つにぎりしめてうちを出ました。途中で出会

❖1
右端の家のドアは上下に分かれる「ダッチドア」、庭は開かれた柔らかいエッジを成している（Fiep Westendorp, *My House, Your House*, Joods Historisch Museum, 2008）

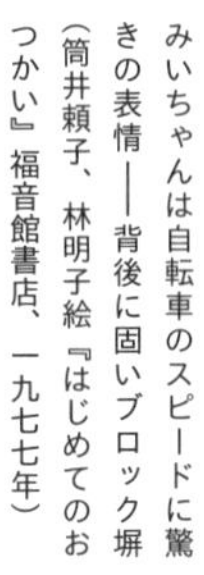

❖2 みいちゃんは自転車のスピードに驚きの表情——背後に固いブロック塀（筒井頼子、林明子絵『はじめてのおつかい』福音館書店、一九七七年）

❖3 「固い防御」と「柔らかいエッジ」の両立は？（『はじめてのおつかい』）

❖4 町角に「間合い」を生むタバコ屋さんとおばあさん（神沢利子、林明子絵『いってらっしゃーい　いってきまーす』福音館書店、一九八五年）

う自転車のスピードに驚きの表情を浮かべるみいちゃんの背後は、固いブロック塀（❖2）。買物を終えて帰ってきた住宅地の門も石塀も人をよせつけない硬いエッジ（❖3）。しかし、『いってらっしゃーい　いってきまーす』では、かどのタバコ屋のおばあちゃんが毎朝手をふっていいます。「おはよう、なおちゃん、げんきでいっておいでよ」（❖4）と。町角に開かれたタバコ屋さんのたたずまいは、全国各地でかつて見られた光景でした。そこには、内と外の間がつながった、人と人がコミュニケーションできる場がありました。それは**空間的にも時間的にもゆとりのある「間合い」**です。機械化によりその柔らかい「間合い」が失せていくのが気がかりですが、新しい状況の下でも**人々を包み込むようなあたたかい柔らかいエッジ**を、再創造していきたいものです。

居場所としての縁側

「間合い」とか柔らかいエッジといえば、**内と外の間に、えもいわれぬ心地よさ**が漂う「縁側」がかつての日本の住居のタカラでした。蒸し暑い日本の風土気候にあって、風鈴が涼

❖5
風鈴が風の涼を呼ぶ縁側（梅田俊作・梅田佳子『ばあちゃんのなつやすみ』岩崎書店、一九八〇年）

❖6
物語を生む縁側（岸武雄文、太田大八絵『サザンカのさく小さな家』新日本出版社、一九八三年）

郵 便 は が き

恐れ入りますが、52円切手をお貼りください

101-0051

東京都千代田区
神田神保町 1-11

晶 文 社 行

◇購入申込書◇

ご注文がある場合にのみご記入下さい。

■お近くの書店にご注文下さい。
■お近くに書店がない場合は、この申込書にて直接小社へお申込み下さい。
送料は代金引き換えで、1500円(税込)以上のお買い上げで一回210円になります。

宅配ですので、電話番号は必ずご記入下さい。
※1500円(税込)以下の場合は、送料300円(税込)がかかります。

(書名)	¥	(　　)部
(書名)	¥	(　　)部
(書名)	¥	(　　)部

ご氏名　　㊞　TEL.

ご住所 〒

晶文社　愛読者カード

お名前（ふりがな）　（　　歳）　ご職業

ご住所　〒

Ｅメールアドレス

お買上げの本の
書　　　名

本書に関するご感想、今後の小社出版物についてのご希望などお聞かせください。

ホームページなどでご紹介させていただく場合があります。（諾・否）

お求めの書店名		ご購読新聞名	

お求めの動機	広告を見て（新聞・雑誌名）	書評を見て（新聞・雑誌名）	書店で実物を見て / 晶文社ホームページ〃	その他

ご購読、およびアンケートのご協力ありがとうございます。今後の参考にさせていただきます。

をよぶ風の通る場、ひなたぼっこの場、老若男女の出会いの場、スイカを食べたり花火をしたりの遊びの場、梅干しやタカノツメを干すところなど、ヒト・モノ・コトがゆるやかにつながる居場所が「縁側」（❖5、6）。沖縄の縁側は玄関出入り口の役割も果たし、深い軒先の下に守られた空間が広がっていました。加えて、沖縄の縁側のある民家の屋根は赤い素焼きの男瓦（丸瓦）と女瓦（平瓦）の二種類のみで構成され、軒先を支える柱は雨端（あまはじ）と呼ばれる風土的に特徴的な構成となっています（五九頁参照）。**風土に根ざした縁側文化、柔らかいエッジ**の再吟味・再創造が待たれています。

生きる力を支えるポーチ、テラス、デッキ

風土と生活に根ざした住居の内外境界・エッジのあり方という点では、アメリカの玄関先ポーチ空間の存在が挙げられます。ポーチはアメリカ絵本に登場する住まいの中によく見られますが、とりわけ『マシュマロ・キス』（7章参照）のそれは特筆すべき**開かれた楽しい居場所**です（❖7）。籐の椅子のハンモックに座った子どもたちがジャム・トーストとジュ

❖7
ポーチには生活が滲む
(Linda Crotta Brennan, illustrated by Mari Takabayashi, *Marshmallow Kisses*, HMH Books for Young Readers, 2000)

ースを楽しんでいます。**穏やかな幸せな暮らし方**がこの場に滲んでいます。

ポーチが建物の軒先に延びて連続するとテラスに変わります。老人ホームのテラス(❖8)やデッキ(❖9)は『おばあちゃんのきおく』をよびさます場となりました。**内と外の間をゆるやかにつなぐ場**に身をおいてボーッとできる、あるいは**思いがけない人との出会いがあると、記憶という精神的生命が戻ってくる**という物語が生成します。ポーチやテラスやデッキなどの柔らかいエッジは、人間の生きる力を支えもするのです。

ほどよい距離感も遊び場も生む玄関階段

ドアステップ(玄関階段)は、内と外を分ける、地面と床面を分ける仕掛けです。そしてドアステップは、子どもの外遊びのはじめての場所です(❖10)。ここに腰かけて子どもたちは一日のシナリオを相談することもあります(❖11)。庭と家のレベル差をつなぎ、あるいは半地下空間をつくるための玄関階段と踊り場は、内外空間の連なりに変化を与えます(❖12)。まち中の集合住宅における公共空間と私的空間を分けてつなぐ役割をするのもドアステップです。それがあることで人や犬がたたずみ花が置かれ、道行く人々との**ほどよい距離感**が保たれます(❖13)。

最後に、『どろんこハリー』の著者の描く『はるがきた』の出入り口まわりと子どもたちの戯れの姿を見てみましょう(❖14)。

❖8
テラスにたたずむ高齢者たち（メム・フォックス文、ジュリー・ビバス絵、日野原重明訳『おばあちゃんのきおく』講談社、二〇〇七年）

❖9
デッキで触れあう子どもと高齢者（『おばあちゃんのきおく』）

❖10
ドアステップは子どもの外遊びの最初の場所（Mary Engelbreit's Mother Goose, HarperCollins 2005）

❖11
玄関階段は子どもの出会いを仕掛ける（モーリス・センダック、なかむらたえこ訳『ロージーちゃんのひみつ』偕成社、一九六九年）

❖12
変化のある景観を生む玄関階段（プーパ・モントフィエ、末松氷海子訳『アルザスのおばあさん』西村書店、一九八六年）

❖13
まちに元気な表情を生むドアステップ（Lois Lenski, illustrated by Giles Laroche, *Sing a Song of People*, Little Brown, & Co 1996）

❖14
柔らかいエッジは屋外活動に決定的な影響を与える（ジーン・ジオン文、マーガレット・ブロイ・グレアム絵、こみやゆう訳『はるがきた』主婦の友社、二〇一一年）

「まちじゅうどこをみまわしても、すべてのものが　めざめ、いきいきと　かがやいていました」

「住戸前の柔らかいエッジは、屋外活動に決定的な影響を与える」と『人間の街』(注1)の著者ヤン・ゲールがいうように、ここには、**住まいの出入り口まわりや窓辺や道端が連なりあい、内外開放的な柔らかいエッジ**により、人も緑もまちも元気な景観が育まれていくことが如実に示されています。生き生きしたまちは、柔らかいエッジが多様にあり、柔らかいエッジは、子どもも老人も住み手にとっての住みよさをもたらし、**人々をまちにあたたかく迎える合図**となるのですネ。

注1
ヤン・ゲール、北原理雄訳『人間の街 公共空間のデザイン』鹿島出版会、二〇一四年

12 記憶が風景を蘇生する

家族・コミュニティの歴史の記憶を表現する

ニューヨークはハーレム。"TAR BEACH"(『タール・ビーチ』)という素敵な呼び名の高層アパートの屋上(❖1)。暑い日の夜、屋上に人々の**出会いの場**、お母さんはゆでたピーナツやチキンの揚げ物を、お父さんはスイカを、近所のハニーご夫妻は緑のカード・テーブルを持ってきます。大人たちは飲みものを飲みながらカードゲーム、子どもたちはマットレスの上

❖1
Faith Ringgold, *TAR BEACH*, Crown Publisher Inc., 1991

にねころび、降るような満天の星空を楽しみます。

キャシー（主人公の八歳の女の子）は、「タール・ビーチ」（防水のためのタールをしいた屋上空間）に休むとき、とっても不思議な体験をします。彼女は星空を飛び交いながら「星も摩天楼の建物も、私をとってても豊かにしてくれるの。そしてそれらすべてが**私のものと思う**のヨ」と語ります。そして飛びながら「私は人生全体を通して、私の行きたいと思うところにいけるのヨ」と心の中に夢を広げます。

この絵本は、ハーレムに生まれ育ち、住み続けた女流画家のフェイス・リンゴールドの半ば伝記、半ばフィクションの物語です。「飛ぶ」ことは、彼女の祖先のアフリカ系アメリカ人の民話では重要なモチーフです。すなわち「飛ぶ」ことは、二重の**メタファー**を意味しています。ひとつは生きる上の願いを満たす自由、いまひとつは奴隷の身からの解放。高層アパートの屋上と星空の間に身をおくと、子どもはこのような**生きる方向感**を暗喩の世界として体験します。このアパートのすぐ近くにジョージ・ワシントン橋という世界で最も美しい長い吊り橋があります。キャシーは「私は私の首に、吊り橋のワイヤーをまるで大きなダイヤモンドのネックレスのようにつけているの」と**まわりの環境と一体になる幸せ感**を表現します。子どもはまわりのまちとのつながりにおいて、メタファーとしての自己の生き方を表現しながら、自己表現的主体として発達していくものです。ここにはそのことが如実に明らかになっています。

作者の子ども時代の思い出を描いたこの絵本は、**子どもの頃の空間体験**が感受力の育みにいかに影響するかということを示しています。作者は身近な環境・まちへの思いの深さを、自分の納得できるかたちで内在化し、やがて絵筆を持って描くことになります。フェイス・リンゴールドは、一九三〇年にハーレムで生まれ、若い頃から絵をキャンバスに描いていましたが、やがて服飾デザイナーであった彼女のお母さんの影響を受けて、柔らかい布のハギレを使ってキルト風に仕上げるようになりました。母からの影響はそのような表現法だけでなく、先にもふれた彼女の先祖が奴隷として働いた大農園（プランテーション）でのキルトづくりの仕事の思い出を聞いたことにもつながっています。すなわち、思い出を聞くことによって、作者は歴史という包括的な物語の語り部の一人になる志を促されたのです。

自らの子ども時代の体験とそれが発する**想像力の翼をひろげる**ことの一端は先にふれましたが、さらに加えて作者は彼女の父が黒人であり半分インディアンの血も混ざっていたがために、建設労働者の労働組合のメンバーから排除されていたこと、しかし、二四階建て高層ビルの鉄骨の大梁を渡す職人としてのスキルを持っていたことを誇らしげに描きます。父が冬の間職探しのために家にいなくても、母は涙を見せることなく、**笑い**、夜遅く眠りについたこと、そして家族四人でいるときは、いつも晩ごはんのデザートにアイスクリームを食べた生活シーンなどが描かれます。

ハーレムの高層アパートの屋上で今を生きる人々の暮らし方を真ん中に、まわりをキルトの布で縁どり、間にオリジナルなキルトで奴隷物語が縫い込まれているフェイス・リンゴールドの一枚の大絵画（一九八八年完成）は、ニューヨークのソロモン・R・グッゲンハイム美術館のコレクションとして収蔵されています。この絵本はその絵を展開したものです。歴史の流れにおいて決して有名ではなくとも、家族やコミュニティの歴史を内に映す**まちの風景が記憶の中に形成**されていくことによって、ドロレス・ハイデンのいう「場所の力」(注1)が育まれていくことを、この絵本はわかりやすく語っています。

都会に田舎をつくれる想像力と実行力

アイスランドの首都レイキャヴィークの絵本『やねの上にさいた花』(❖2)は、もうひとつのまち中の集合住宅の屋上をめぐる物語

注1
ドロレス・ハイデン、後藤春彦他訳『場所の力――パブリック・ヒストリーとしての都市景観』学芸出版社、二〇〇二年

❖2
インギビョルグ・シーグルザルドッティル、ブライアン・ピルキントン絵、はじあきこ訳『やねの上にさいた花』さ・え・ら書房、二〇〇六年

です。

グンニョーナおばあさんは、いろいろな動物たちと田舎に暮らしていました。ところがある日病気になり、**動物たちの世話**はかなわぬこととなり、お医者さんの診断によって、まち中に引っ越しせざるをえなくなりました。

彼女はネコだけを連れて、まち中のマンションの「ぼく」の向かいに引っ越してきました。最上階の家はベランダがとても広くて、遠くに山も海も見えました。彼女はやがて家の中とバルコニーで**花の世話**を始めます。花だけでなく、みかんやりんごの種子まで鉢に植えました。

グンニョーナおばあさんは、毎日外にも出向き、プールや博物館や劇場などにも行きました。サクソフォンを求めて滅茶苦茶に吹きました。ユニークなおばあさんは、ある日田舎からめんどりを運んできて、たんすの引き出しを巣箱にしました。大工道具を買ってきて箱もつくり、めんどりのふんをつめ、野菜の肥料にしました。「ぼく」は、にんじんとキャベツの種子を植え、彼女はカリフラワーとレタスとパセリを植えました。それからダイオウとイチゴの苗と、スイバも植えました。ハコベも育てました。

まだまだ**想像力の翼がひろがって**いきます。

「ねえ、やねに草がはえていたら、すてきだと思わない？」

グンニョーナおばあさんは、屋根の上に板をはり、芝生を植えました。「ベランダにいると田舎にいるみたい」「部屋の中ではジャングルにいるみたい」に変わっていきました。芝生の屋根のマンションには、屋根の上にも花が咲きました。ネコはもちろん、めんどりも羊もそこを住みかとするようになりました。とうとう、まち中の集合住宅の屋上に田舎をつくってしまいました（❖3）。

ところで、筆者の活動拠点の名古屋錦二丁目長者町地区には、最近、繊維問屋の古いビルの上階空間を若い女性たちがシェアハウスとして住みこなすところがあらわれています。そこに住むK・Yさんにこの絵本をお見せしましたら、眼をキラキラさせながら「私たちも屋上をこのようにしようという話があるのヨ」と。その場の貸し手、運営のアルジのA・Sさんは、すでに同じビルの屋上で、みつば

❖3　想像力の翼がはばたき、屋根の上に田舎が実現した

ちを一〇万匹飼育し、このまちに、はちみつの**食文化を育む**動きをしています。彼は「屋上でにわとりを飼いたい」ともつぶやいています。『タール・ビーチ』のように、まちの歴史・コミュニティの**価値の記憶表現**によって「場所の力」を育むアプローチもよし。一方、『やねの上にさいた花』のように、**いまだ見ぬ暮らし方への想い**を実践に移しつつ「場所の力」を育むアプローチもあるのですネ。

都市空間が、均質化・無機化していく傾向の強い現代社会にあって、**個性化・有機化の色濃い「場所の力」**の育みは、人もまちも元気に生きるコミュニティ・ビタミンの仕掛けではないでしょうか。

13 「制度空間」と「自由空間」の両立

イギリスのチャールズ・キーピング（一九二四〜一九八八年）は、都市と子どものかかわりを、批判性と創造性をもってオリジナルに語りかける稀有な絵本作家です(注1)。

そのキーピングの遺作“ADAM and Paradise Island”（『アダムと楽園の島』❖1）は、彼の死の翌年一九八九年に出版されました。早速この絵本の中に分け入ってみましょう。

「楽園の島」に新しい道路ができる

あるまちを流れる川の支流の真中に浮かぶ中洲、その小さな島は泥だらけで道沿いには倉庫や工場がひしめいていました。地域の住民はその島を「楽園の島」と呼んでいました。言うほどに大した場所ではなかったのですが、アダムにとってはくつろぎの場所（ホーム）であり、そこにいると幸せでした。小さ

注1
延藤安弘『こんな家に住みたいナー 絵本にみる住宅と都市』晶文社、一九八三年

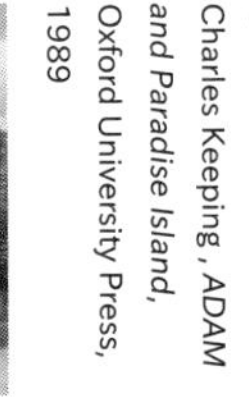

❖1
Charles Keeping, *ADAM and Paradise Island*, Oxford University Press, 1989

な石の橋が島をまたいで南北の道をつないでいました。南北の往来のためには、この道路は有用で、これがなければ何マイルも遠まわりをしなければなりませんでした。

その道沿いには古いお店や倉庫が並んでいました。アダムは、お店屋さんの経営者らとも仲良かったのですが、最もお気に入りはオールド・バーダ（バーダおじいさん）が住んでいる草が生い茂った場所でした。そこには大きな荷車があり、馬、羊、鶏もいっしょにいました。島の片側のボロボロの杭につながれたペンキがはげ落ちたはしけには、マ・バーレイおばあさんが住んでいました。高齢者は一般的にそうであるように、二人とも子どもたちに昔の思い出話や冒険談をするのが好きでした。まち中の役所の建物にある議事堂には、議員たちが毎週区の政策について議論するために集まっていました。

議員たちは計画（プランニング）が大好きで、自分たちの考えていることがカオスであることには気づいていませんでした。議員たちにとっては、「楽園の島」はごみ同然のしろものでした。それに議員たちはそこを住民の声をきいて何とかしようと考えませんでした。

議員たちは川をまたいで島を横切る高速道路の建設を決めました。そのことにより南北の道路交通事情を改善し、経済的にも潤いをもたらすと考えたからです。

やがて、店舗も倉庫も強制的に撤去されていく中、アダムは湿地の年寄りのお友だちに会いにいきました。オールド・バーダは、極上のアイデアを出しました。アダムはそれを耳にしたとき、身震いするほど興奮しました。すぐに自転車にのって友だちに伝えにいきました。しばらくすると、アダムの友だちは小さな軍団のように駆け足でやってきました。みんな一緒に、建物除去の現場に捨てられた木材やレンガをたくさん集め始めました。子どもたちは集めたものをオールド・バーダの荷車にのっけて湿地まで運びました。先頭と最後尾に高齢者が、そして子どもたちが威風堂々と歩む姿は、自分たちの居場所づくりへの期待感とワクワク感を滲ませています（❖2）。

Together, they began collecting lots of the discarded timber and bricks from the demolition site.

They loaded it all on to Old Varda's cart to transport it down to the marsh.

❖2
子どもも年寄りも一緒に、威風堂々、ワクワクと

道路建設も冒険遊び場づくりも

やがて新しい道路建設の工事が進行しました。議員たちは島の景観を根こそぎ変えてしまう自分たちの権力にほれぼれしていました。

一方で、子どもたちは湿地で冒険遊び場をこしらえていきます（❖3）。議員たちは、子どもたちの冒険遊び場づくりを認めたのです。なぜならば、そうすることで道路建設反対の市民の声を黙らせ、議員たちに思いやりがあるようにみせたからです。

とうとう新しい道路が完成しました。まるで巨大なクモのように道路は島をまたいでいます（❖4）。盛大なオープニングの日がやってきました。今をときめくテレビアイドルがやってきて、道路開通のテープカットの場に参加しました。テープカットの瞬間、議員たちは群衆からは完璧に無視されました。集まった多くの人々はアイドルを見るためにやってきているのであって、誰も新しい道路にはほとんど関心を持っていませんでした。車やトラックの運転手にとっては、南北交通が便利になりましたが、島の存在には無関心でした。古

❖3 冒険遊び場をこしらえる

❖4 道路完成の日

い店舗はなくなり、店の経営者たちは新しくできたスーパーマーケットの冷凍部門の仕事とその近くの住まいを得ました。

議員たちは、自分たちのやるべきことはやってのけたという満足感をもって家に帰りました。議員たちの家は、川の上流の緑濃い郊外の一戸建てでした。湿地の塀の背後では、マ・バーレイおばあさんとオールド・バーダは、行政から冒険遊び場の管理人として認定されました。二人とも、幸せそうに子どもたちのためにソーセージやいもを焼いてご馳走しました。こうして、「楽園の島」プロジェクトから誰もが何かをつかみとりました。議員たちは、偉大な公共事業をやってのけたと感じていました。店舗経営者たちは、新しい仕事と住まいを獲得しました。道路利用者は、便利な通過交通が可能となりました。子どもたちは冒険遊び場で遊べるようになりました（❖5）。二人の高齢者は老いの過ごし方として素晴らしい仕事のチャンスに恵まれました。「楽園の島」は、かかわる人々ひとりひとりに、具体的な異なった意味あることをさずけてくれました。

高齢者と子どもの発想と活動を生かす

チャールズ・キーピングのこの絵本は、私たちに次のようなことを語りかけています。

第一に、社会的・地域的な多様な問題群に取りまかれている現代にあって、**問題**

（解決）への「無関心」と、流行への「関心」と、「偽物」と「本物」の「自己実現」が複雑に組み合わさっていることです。高速道路建設または湿地自然環境を守るという「問題解決」への一般市民の「無関心」の一方で、道路完成オープニングセレモニーにやってくるアイドルへの狂信的「関心」。公共事業実現への議員のおどり高ぶった「自己実現」意識と、冒険遊び場づくりへの高齢者と子どもたちの生のふくらみを伴った「自己実現」意識の対比。これらの問題（解決）への「無関心」と「関心」、自己実現の「偽物」と「本物」が相互にからみあっている社会の様相を、この絵本は皮肉たっぷりに生き生きと描いています。

❖5 冒険遊び場で遊ぶ

事態にリアルにかかわり本物の自己実現をなしうる子どもたち・高齢者が登場するシーンは、ブラウン基調の落ち着いた色合いで表現されていますが、議員やアイドルや店舗経営者などの浮いた行為と偽物の自己実現に赴くシーンは、奇妙に派手な色合いで表現されています。

第二に、**「モノ・カネ・セイド」偏重発想と「ヒト・クラシ・イノチ」尊重発想のぶつかりあいと乗り越え**です。議員たちは島の現状を変えるために住民の意向とは無関係に一方的な「モノ・カネ・セイド」アプローチで高速道路建設を決めてしまいます。一方、子どもと老人は「楽園の島」の湿地が育むワイルドな生命環境を大切にするライフスタイルを身につけています。この二つの対立する視点を融合する発想が提起され、事態の進行の中で**「制度空間」と「自由空間」の共存**の社会的思考が息づいていきます。高速道路建設という制度・技術空間と併行して、子どもたちにとってわくわくできる冒険遊び場づくりという「自由空間」を実現しました。それが成立したのはその知恵を提起した高齢者と制作・実施した子どもたちの存在だけでなく、行政が冒険遊び場の管理人に発案者の高齢者をあて公認したことが見逃せません。

高速道路建設に反対する世間の目をそらすための懐柔策の意味もありますが、「制度空間」のみをゴリ押しし「自由空間」をいっさい認めない状況がある中で、この動きは注目されます。遊び場や公園は行政側の基準通りの「他律空間」が一般的な中、ここには**ユーザー側が発想し責任をもって利用・運営する「自律空間」が**

生成しています。高齢者や子どもの発想と活動が生かされている背景には、**社会全体にあらゆる立場の人々のニーズを包み込み実現していく道筋をつくる**、そのことは「社会包摂」(social inclusion)といわれていますが、この物語はイギリスにおける「ソーシャル・インクルージョン」の実際事例を描いているのではないかと思います。

広域的かつ利便性の価値から必要な高速道路建設と、狭域的にかつ**不便さの中の豊かさの価値づくり**の点から必要な子どもの冒険遊び場づくりといった一見矛盾する性格のプロジェクトが両方とも成立したのは、政策実行過程において「社会包摂」の視点から、**経済も生活も、車の運転者も子ども・高齢者も共存・共生できる状況づくり**に赴く姿勢が関係者にあったからではないかと思います。

ところで、キーピングは一九八八年脳腫瘍で他界しました。キーピング夫人は「キーピング・ギャラリー」をロンドンで営んでおられましたが、二〇一四年、天に召されました。この絵本が史実にもとづくものか否か調べてみたいと思うのですが、「キーピング・ギャラリー」は今どうなっているのでしょう? 都市と子どものかかわりを、こんなに想像力豊かな物語と、繊細な感受性と弾みのある活動的な絵で表現したキーピングの創作の秘密をさらに探し続けたい。

14 シングルマザーの住まい方

家族の多様性

おしゃべりをする、せがむ、引っぱり合う、笑う、叫ぶ、助ける、シェアする、願う、ハグする……家族の暮らしを楽しく表現する"Big Book of Families"（『かぞくの大きな絵本』❖1）。それは世界中のまちや村の多様な住み方を生き生きと伝えてくれます。

例えば、「さわがしい」。ページをめくると（❖2左）、「この家族はさわがしい。みんな叫び、笑い、大声をあげ、外出のときはドアを大きな音をたてて出ていく。男の子はステレオを鳴らし、女の子は歌い、赤ちゃんはフライパンをたたき、電話は鳴りはじめる。パパは「『みんな寝室にいって静かに遊べ』と言いながら、自分はパソコンに向かって仕事をはじめる……」。ファミリーの生活の動と静の両面性がダイナミ

❖1
Catherine Anholt, Laurence Anholt, *Big Book of Families*, Walker Books Ltd., 1998

ックに表現されています。細部を見ると、屋根裏ではネズミの一家が遊んでいる姿がユーモラスに描かれており、ほほえましい。

❖2の右を見ると、背の高い建物がいっぱいのまち中で迷子になった男の子が「ママ」と叫んでおり、まわりに、子連れ、孫連れ、犬連れの多様な人々が集まっています。キャサリン&ローレンス・アンホルト夫婦は、一貫して家族の暮らし方をフォーカスした作品を描いていますが、ここではファミリーの多様性に着眼し、先の「さわがしさ」に加えて「忙しさ」「楽しさ」「気分」などに触れています。多様性を家族の規模で見ると、大きな家族と小さな家族があります（❖3）。前者は、世代間も親類間もイヌもヤギもつながっ

❖2 「さわがしい」家族（左頁）、多様な人々（右頁）

たビッグ・ファミリー、後者は子連れシングル、「私とママだけだけど幸せ」。

ひとり親世帯の激増

ところでわが国では、「ひとり親世帯」(母子世帯、父子世帯)が著しく増加しています。かつて核家族中心の一九八〇年代には「ひとり親世帯」は「欠損家族」や「問題家族」とも呼ばれ、偏見や差別の対象となりました。平成二三年の厚生労働省による全国母子世帯等の調査によれば、母子世帯数は約一〇万世帯にのぼり(平成五年、七九万世帯)急増しています。母子世帯になった理由別では、離婚が生別母子世帯の九割以上を占め、母子世帯の総数を上昇させる原因となっています。

いま一冊"The Family Book"(『ファミリー・ブック』❖4)を開けると、「ひとり親世帯」(❖5右)と同時に、「2人の父か2人の母がいる世帯」(同左)が表現されていることが目を引きます。「2人父母世帯」とは同性愛の家族のことをさすとともに、再婚後も前の父や母とも面会交流があることをも示しています。ある調査結果によると、日本では、離婚

❖3
Big Family と Small Family

❖4
Todd Parr, The Family Book, Little, Brown Books for Young Readers, 2010

後何らかの形で面会交流を続けている人は三割しかいません。二〇一一年の民法などの一部が改正され、離婚にあたり必ずしも決めなくてもよいのですが、面会交流と養育費を定めることの重要性が認識できる形となりました。(注1) 日本ではこのような状況ですが、欧米では現代社会に増えつつある「子連れシングル」の存在と、**暮らし方の文化の多元主義への気づき**を促し、子どもが幼いときからよく理解できるようにする(early literacy)、このような優れた絵本が出版されていることに、ちょっとした驚きを覚えます。

私には二つの家がある

子連れシングルの存在への気づきだけではなく、その住まい方・暮らし方に踏み込み、家族関係を強化することを目指す絵本があります。“living with mum and living with dad, my two homes”(『わたしの2つのいえ』❖6)は、両親が離婚し、子どもは時にはママの家に、時にはパパの家に両方に住む住み方を描いています。

物語の流れもよいのですが、絵がシンプルで美しくかつ仕

❖5 ひとり親世帯(右)と、2人の父か2人の母がいる世帯(左)

注1 神原文子・他編著『ひとり親家庭を支援するために――その現実から支援策を学ぶ』大阪大学出版会、二〇一二年、三九―一六六頁、

掛けが面白い。ママの家はマンションの一階、ピンクのドアで黒ネコがいる（❖7）。フラップをめくると、同じマンションの最上階にパパは住んでいる（❖8）。

この絵本はすべての見開きページにフラップ（めくる）の仕掛けがあって楽しめます。

ママの家の寝室の壁は黄色で、パパの家の寝室は花模様の壁紙。私は寝入るとき、真っ暗闇では眠れないので、ママの家にはパンダの灯り、パパの家にはちょうちょのランプが置いてある。学校の送り迎えもママとパパは交互に。パパは週末キャンプに連れて行ってくれ、ママは農場に動物を見に連れていってくれる。学校で劇の発表があるときにはママもパパも見に来てくれる。席は離れているけれども。私の誕生日にはママはケーキをつくってくれ、パパはボーリングに誘ってくれる。私はママもパパもいないと淋しく思う。電話でママともパパともお話しすることで気分は良くなる。ママもパパもおじいちゃんもおばあちゃんも、みんな私を愛してくれる……。

ここには面会交流も養育費の問題も超えて、ジャック・アタリがいう「子どもの時代を持つ権利」が守られています。す

❖6 Melanie Walsh, *living with mum and living with dad, my two homes*, Walker, 2012

❖7 一階のママの家

❖8 最上階のパパの家

なわち、七五頁に引用しましたように、「子どもの権利」とは「愛に囲まれている権利」のことです。

「愛に囲まれている権利」が子どもにはあるべきです。「**愛が存在するには、時間、尊敬、自由な精神、好奇心、そして何よりも笑い**がなければならない。笑いこそ、悪に対して身を守る最良の手段だ」[注2]。この絵本は、ひとり親世帯の子どもが常にママとパパとまわりに包まれているように、あたたかくて安心できる状況に置かれていることを、両親の家を行き来する二住宅居住方式と子どもの柔和な表情によってよく示しています。

注2
ジャック・アタリ編著『いま、目の前で起きていることの意味について——行動する33の知性』早川書房、二〇一〇年、三八八・三八九頁

ご近所の力

「ひとり親世帯」であることの「欠損」を補い合うのは、親だけでは無理があります。周辺、近隣社会の人間関係、コミュニティに支えられてこそ子連れシングルの家族の安心・安楽が保たれます。そのことをベラB・ウィリアムズの『かあさんのいす』(❖9)は具体的に語りかけます。この絵本は、祖母と母と私の三世代の女性たちの災害を乗り越えるだけの

❖9
ベラB・ウィリアムズ、佐野洋子訳『かあさんのいす』あかね書房、一九八四年

強さをもった家族愛を描く、やさしくあたたかい物語です。表紙に描かれたブルータイル食堂で働くかあさんのために、お金をためてフワフワのきれいな大きないすを買おうと三人は日々切磋琢磨しますが、ある日家が火事で全焼。新しい家に引っ越していったら、近所の人がピザとケーキとアイスクリーム、テーブルと三つのいす、ベッド、じゅうたん、カーテン、おなべもスプーンもおさらも、ぬいぐるみのくまも、持ってきてくれました（❖10）。

三人は**「ご近所の力」によって補い支えられ、**余りある豊かさを手に入れました。火災という悲劇を超えて、まわりの人々に助けられて**トラブルをエネルギーに変え、居心地よくより添いあい、**いすを手に入れました。「ばんごはんがすむと、わたしはかあさんとふたりでいっしょに、いすにすわっています。わたしはねむってしまいます。かあさんはそーっと、電気をけします」（❖11）。

❖10
引っ越しの日、近所の人がいろいろなものを持ってきてくれた

これは、マチスやゴーギャンを思わせる鮮やかな色使いと素朴なタッチの絵で、**人と人のつながりと愛情に信頼をおいた暮らしの豊かさ**が描かれている素敵な生活絵本です。核家族であれ子づれシングルであれ、幸せ居住を実現するための大切なことはそこにあります。

❖11 かあさんとふたりでいっしょに

15 高層住宅居住のイマジネーション

「高層建築で生活するには特殊な態度を必要とした。それは、黙従、我慢、それと少しの狂乱だったろうか。」

（J・G・バラード『ハイ-ライズ』）

親密な場所

かつての伝統的低層密集住宅市街地には、長屋が軒を連ね、路地がうねうねと折れ曲がっていました。そこは「一歩あゆむたびに新しい光景があらわれる」とイタリアのルネサンスの建築家アルベルティが『建築十書』で述べたような、迷路性をもった理想的な都市の条件を備えていました。[注1] しかし、今日世界中の都市で、こうした**「人々にとって健康でしかも愉しい」場所**が、都市再開発によって一掃され、直線的な均質な空間に置きかえられています。絵本『わたしの社稷洞（サジクドン）』

注1
中村雄二郎・山口昌男『知の旅への誘い』岩波書店、一九八一年、七六・七七頁

（❖1）は、そのことの深い問題性を見事に浮きぼりにしています。

韓国はソウル、悠々と流れる漢江沿いの高速道路から、古さと新しさが混在する都市の景観がうかがえます。そんなソウルの中心である鍾路区（チョンノグ）に位置する社稷洞（二〇〇三年四月末には三二四〇世帯八二六四名居住）は、歴史的文化財なども多数あり、現代社会と古い文化が融合した地域。

この絵本の始まりは、背後に現代的な高層ビルが林立する中、路地に韓屋（ハノクと呼ばれる伝統家屋）がひしめく低層既存住宅地が広がる町の部分全景（❖2）。日帝時代（一九一〇～四五年）に建てられた〝私〟の家は町のまんなかで、春はライラック、秋はイチョウが、家の壁のアイビーとともに七〇年以上もこの町の来し方を見守ってきました（❖1）。

〝ナムルおばさん〟は、いつも路地で野菜を干していました（❖3）。友だちの家に行くときの道には〝一〇〇階段〟があり、じゃんけんしながら三〇分かけてのぼりました（❖4）。路地ではコマをまわす男の子、人形遊びをする女の子、〝お化け屋敷〟の前を通るときにキャーキャーといい、柿が熟れる頃に〝大柿の木〟に石を投げる……。私には何と**多様な**

❖1
キム・イネ、ハン・ソンオク絵、おおたけきよみ訳『わたしの社稷洞（サジクドン）』アートン新社、二〇〇四年

❖2
社稷洞（サジクドン）のまち

人々や柔らかい場所との出会い、結びつきがあったのでしょうか。

場所が奪われ「俗都市化」していく

やがて、この町に「都心再開発事業、施行認可取得」の横断幕がかかりました。私はその頃一一歳。急に目の前の、高い鉄の囲いの中で撤去工事が進められ、私たちの家も〝一〇〇階段〟も〝大柿の木〟もたちまちなくなりました。「わたしの心に穴が深く掘られるみたいでした。パワーショベルにお腹のなかをひっかかれているみたいでした」

とうとう新しい高層住宅が建設されました（❖5）。私は団地の中のすっきりとした道を歩きますが、「コマをまわし、人形遊びをする子どもたちはいません」。

この絵本は、現代の都市再開発は、住民の身近な環境にある**多様なヒト・モノ・コトのかかわりへの愛着**の心を無視し、古い場所の除去により、それまでのたくさんの**記憶が降り積もっていた場所**を根絶やしにすることの意味を伝えています。

スペインの都市地理学の専門家フランセスク・ムニョスによ

❖3 路地で野菜を干す

❖4 〝一〇〇階段〟

❖5 高層住宅の道を歩く

れば、社稷洞のような都市再開発を「俗都市化」と呼んでいます。ムニョスのいう「俗都市化」は、グローバル経済の進行の中で世界中で起こっている景観の均質化、場所の差異を消したありふれた景観の広がりを指しています。(注2)「社稷洞」では、土地の高度利用による高層マンションの機能の特化と、多様な生活とユニークな景観を生み出していた路地の消失と、「団地」というテーマに集約されて整然とした空疎な空間への置換の三つの側面が組み合わさって、都市景観の単純化と平俗化が進行し、生活者にとって精神的苦痛をもたらし、私のものとは思えない疎外感をもたらしたのです。

注2
フランセス・ムニョス著、竹中克行・笹野益生訳『俗都市化 ありふれた景観 グローバルな場所』昭和堂、二〇一三年

住み手のイマジネーションの力

現代の高層住宅のもつ無機質な非・場所的な空間を、**有機的な親密感のもてる場所**に変えることは不可能なのでしょうか。フランスの絵本“La cité des oiseaux”(『とりのまち』)を取り上げてみましょう。

その表紙(❖6)は、まるで「墓石」のようにつめたい高

❖6
Danièle Fossette, Illustrated by Sacha Poliakova, *La cité des oiseaux*, Gautier-Languereau, 2004

層住宅と、女の子とネコのあたたかさのコントラストが目を引きます。

絵本のトビラの見開きページは「墓石」が**多彩な色**に変わり始めています（❖7）。主人公の女の子は「私は鳥のまちに住んでいます。でも、もう鳥たちはいません。鳥たちはもっと美しい処へ旅立ってしまいました」とつぶやき、パパは笑いながら「この家は鳥の〝止まり木〟だ」と言います。私たちの建物はみんな同じ灰色の壁、同じ窓、同じ鎧戸……の均質な空間。しかし、みんな同じであればこそ、ママは高層住宅の最上階に近いところにあるわが家の窓に赤いスカーフをかけます。「あなたが下から自分の〝巣〟を見分けるためよ」と言いながら。風はスカーフをまるで飛びたつ鳥の羽根のようにはためかせます。ママはまるで羽根のような手で私の頬をなでてくれ、ママの歌うやさしい歌詞は、鳥たちが戻ってくるような気分にさせてくれます。

この絵本は、高層住宅を鳥の〝止まり木〟のようだと揶揄しながらも、子どもは母とのコミュニケーションを通して鳥たちとともに住むようなファンタジックな気分をかきたてていく、住み手のイマジネーションの力が印象的です。

❖7
「墓石」に多彩な色が

多様な祝祭的な時間

私はドアをあけて階段をかけおり、外に飛び出します。道路は車が行き来し、広場には芝生の上で遊ぶなの禁止看板があり、私の遊び場がありません。学校に行くと土がないアスファルトの校庭、木も切られています（❖8）。女の子はママのふる舞いの影響があるせいか、ベンチに腰かけながら、否定的な固い空間に対して、肯定的なイメージを心の中に描きはじめます。空中に音楽が流れ、音楽はリボンのようにわたしのまわりにからみつきます（❖9）。鳥たちは羽ばたいて空に花を咲かせながら、灰色の塔の上に色の雨を降らせます。わたしの団地の人々は笑い踊っています。子どもたちは芝生で遊んでいます（❖10）。

この絵本はこれからの再開発や高層住宅建設にあたり、「俗都市化」を超えて、子どもの視点の導入という深く重要なことを提起しています。子どもの視点の導入とは、多様な時間構造の存在[注3]を意味します。すなわち、**時間の流れに沿った多様な振る舞い**――子どもがともに遊ぶ、音楽に合わせて

❖8 アスファルトの校庭

❖9 想像力の翼を広げて

注3 『俗都市化 ありふれた景観 グローバルな場所』二四四－二四八頁

人々が踊る、花木が育ち香りを放つ、野鳥が飛来し巣をつくりヒナを育むなど——への想像力の翼を広げることです。これらの**ワクワクする楽しい振る舞いの流れ・時間にひそむ祝祭性**を、企画・設計にあたり生命のように大切にすると、**リズミカルな時間との触れ合いのある個性的親和的な場所**づくりの可能性を高めます。

そうではなく、経済・管理の効率性重視の「ハコ」だけの空間をつくると、世俗的な均質な非・場所になってしまいます。祝祭的時間の流れを忘れた空間設計は、何事も起こらない冷たい無機的な「ハコ」ものになってしまいます。そうなればすべてがもはや手おくれで「回復不可能なあとの祭り」

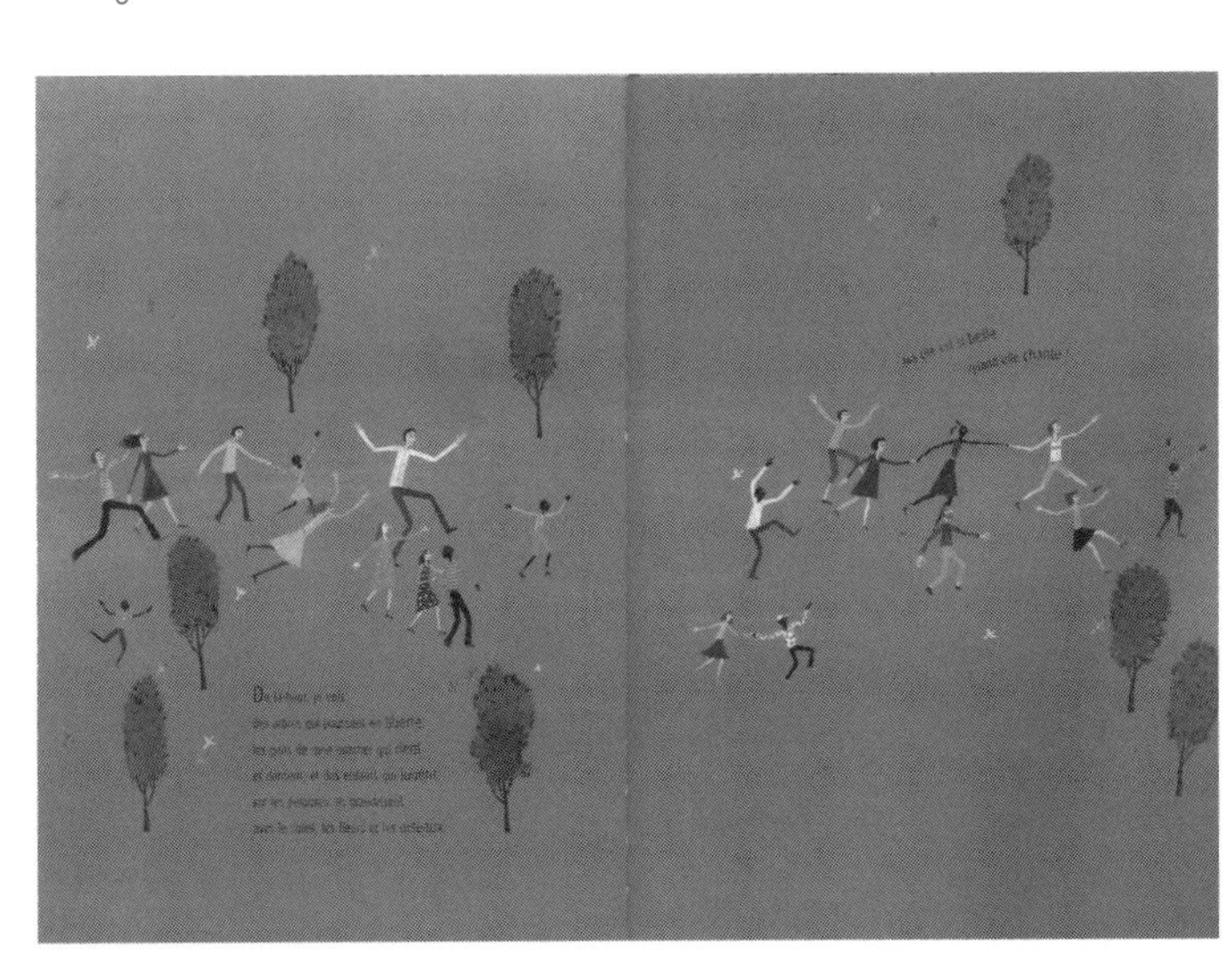

❖10 みんなで笑い踊る

です。[注4] 時間の条件を導入すると、**「ヒト・モノ・コト・トキ」のかかわり**の生きた場所が生成し、そこを利用する人々の生き生きとした生活・交流・活動がはずんでいきます。親密な柔らかい場所は、空間と時間と人間の三重奏によって編み出され育まれていくのです。そうすると三つの「間(マ)」は響きあって自ずから「サンマ」となります。**「サンマ」を美味しいものにする**には、つくり手と住み手両方からの「子どもの視点」の理念と手法、時間と過程を分かち合うことが肝要です。

「ハコ」から「サンマ」への移行のために、多様な祝祭的時間を設計する方向を鮮やかに歌いあげてくれる絵本の力はすごい！

注4
『知の旅への誘い』、九五頁

16 時をかけて衰退のまちを元気なまちに

この篇の最後に、まち再生のコミュニティ・ビタミンを系統だてて表現している、今僕がよく活用している絵本をとりあげましょう。

自然と文明の共生を目指す

ジーニー・ベイカー（一九五〇年〜）の最高傑作“Belonging”（『帰属』）の絵本の表紙（❖1）は、灰色の無機的なまちの衰退を描いています。荒廃のまちを再生させる普遍的手法をどのように示しているか、ページを順に見ていきましょう。文字のない絵本のみの絵本なので、勝手に解釈していきます。

1、日付、時の流れ：日付とは、まちが再生に向かって動き出すとき、具体的ニュアンスを伴った日、月、年、季

❖1
Jeannie Baker, Belonging, Walker Books Ltd, 2004

節などのことです。時をかけなければまちを蘇らせ育むことはできません。この絵本の始まりの時は、赤ちゃんが生まれたばかりの若い夫婦が、ひからびた環境に囲まれたまち中の家に引っ越ししてくるところです（❖2）。ページをめくると、二年の時が流れます。**時の流れ（ストリーム）がヒト・モノ・コトのつながり**の物語を生み出します。

2、場所：「空間・土地」は客観的な規模や価格などの属性をもった対象のことです。現代人はそれを「所有」することにこだわり、そこからさまざまな歪みや葛藤が生じがちです。しかし「場所」ではヒト・モノ・コトのつながりの動きが起こり、人々が「利用」することで価値が生まれます。二歳

❖2 主人公は荒れはてたまちのひからびた家に引っ越してくる

になった女の子を父が庭でプール遊びをさせています。**生きる生きとした「動き」のある「場所」**を評価する視点が、まち再生のはじめの一歩として描かれています。

3、主体の関係、コミュニケーション：地域の再生は人間主体中心に考えることが基本です。四歳になった主人公の女の子は自らの名・トレーシーを壁に落書きします。隣りの男の子が塀の破け目から「トレーシー、遊ぼう」と呼びかけ、一人遊びをしていたトレーシーは「いいわヨ」と。この呼応関係・コミュニケーションが、子どもを育て、コミュニティを育むことにつながっていきます。

4、象徴、意味：創造的な地域再生は、人々の生き方・暮らし方・働き方において何を目指すかの価値目標・コンセプトを生命のように大切にします。あわせて人とまちの育みの象徴や意味にこだわります。六歳のトレーシーは、父がつくってくれたトランポリンで毎日遊んでいるうちに、背中に羽根が生えてきました（❖3）。この羽根は「想像力の翼をもって生きる」というメタファー（隠喩）であり、生きる方向感を意味づけています。

❖3
トレーシーの背中に「想像力」の翼がはえ、庭は緑に変わっていく

心を痛める欠如を私発でうめる

5、私発で欠如をうめる：現実のまちには心を痛める欠如（空地に“pain”「苦痛」と落書き）があちこちにあります。有害な欠如をうめるためには、主人公とまわりの人々が自ら動き出し、私発で欠如を補いうめる活動をすることが、ひと・まち再生過程に物語が弾んでいくきっかけとなります。庭先では、八歳のトレーシーが自ら草花を育て始め、空地ではよそのお父さんが木を植え、身心の苦痛にあえいでいた人がアパートの屋上で野鳥の群舞を呼ぶ存在に変わってきました……。人工的に干からびた欠如だらけのまちに生命ある自然が呼びさまされていきます。

6、回復、取り戻す：自動車交通中心の道路は、子どもや高齢者を排除しました。しかし、まち中の車を減らし人中心の場所としての道を回復することが、低炭素社会を目指すこれからのまちづくりの喫緊の課題です。一〇歳のトレーシーは窓辺から前面道路が歩行者天国になった様子を眺めています（❖4）。「みんなの道を取り戻そう」のポスターが壁に張られています。

❖4 歩行者天国になった道路には人が行きかい、あふれるようになった

7、歴史的文脈に分け入る：住民の立場からの地域の再生にあっては、ふるさとを思い出す場所を回復・再創造するために、そのまちの歴史的起源（オリジン）に分け入ることが重要です。一二歳のトレーシーは、自ら鍬（くわ）をもって向かいの空き地に赴きます。そこには「かつてこのまちに住んでいた生き物とともに暮らしましょう」のスローガンが掲げられており、地域住民たちは汗を流しながら楽しみながら環境共生型まちづくりの活動にかかわっています。

8、うつす：まちの景観が人間的成長を「映す」（一四歳のトレーシーは鏡をみてお化粧をしています）。柔らかい自然が滲むまちの全体景観はひとの生き方を「写す」。さらにひともまちも時を「移し」て別の次元に成長するなど、同音異義的響きを帯びています（❖5）。時間の「移し」が、人間の生き方を「映し」、景観の育みを「写す」時、まちは確実に再生されていきます。

9、開かれた関係：開かれた関係とは、人工と自然の間、ひととひとの間などをオープンにつなぐことです。先の隔てが解かれると道の向こうに川の景色が開かれ、風の道ができました。まち全体に隣人たち、子どもたち、お年寄りたちの

❖5
トレーシーの成長を写すようにまちはさらに変わりはじめる

つながりの輪が何重にも開かれていきます。

10、出会い：ひとの育みもまちの育みも「出会いのデザイン」が眼目です。開かれた関係は、思いがけないヒトやコトとの出会いをもたらします。よき偶発性を味方にしていくことで、次から次への好循環が生まれます。一八歳のトレーシーは、人生をともにしたいと思える彼氏と出会います。

11、フリープレイ：「新しいものの創造は、知性によって達成されるものではない。内面の必要性から、直感的に行われる遊び（プレイ）によって達成される」とユングがいうように、私たちは**自由な遊びの精神が流れる**とき、すがすがしさとうきうきした気分を味わいます。そのためには、「何か他のものと**出会い、共鳴し、同調的に振動できる**よう充分に豊か」[注1]な場づくりをすることです。二〇歳のトレーシーは彼と庭づくりに夢中です。地域の老若男女の人々は自分の生きるリズムの分かち合いをしています。ここには細部と全体がゆるやかに結びあわさった柔らかい景観が育まれています（❖6）。

12、祝祭：祝祭とは心にトキメキを感じ、生がつよく充当された、意味の濃厚な共有体験のことです。祝祭的時空がまちにリズムをもって立ちあらわれるとき、地区内外の多様な

注1
スティーヴン・ナハマノヴィッチ、若尾裕訳『フリープレイ——人生と芸術におけるインプロヴィゼーション』フィルムアート社、二〇一四年、二八三頁

❖6
トレーシーが丹精こめて庭を育てている

人々がまきこまれ、ひともまちも育っていきます。二二歳のトレーシーは、彼と結婚式を路上で行います。そこには通常の結婚式場とは違う別の時間が流れています。**祝祭的時間の共有**は、自他の間にまちへの思い入れや愛着をいっそう育んでくれます。

13、はじまり：今日も明日も新しい自分が、新しいまちが育っていく感覚を持てるとき、そのひと・まちは状況に流されることなく、目指す目標に向かってかかわり続け、**楽しみながら変化し続ける**のです。二四歳のトレーシーと彼の間には、新しい生命が生まれました（❖7）。絵本はここで終わりのページを迎えますが、ひととまちの育みの物語は新しい始まり

❖7
「もっともっと緑の多いまちに育てながら、この子を育てます」

です。

14、ファンタジー、夢想：おまけの次のページでは、トレーシーはハンモックで昼寝しながら夢をみています。絵本の冒頭は「殺風景」そのもの、ところが定点観測によって二四年後の画面と比較してみると（❖8）、そこにはみずみずしい有機的な生命色にひたされた「生風景」。まち全体が見違えるように変わりましたが、左端の中古車売場だけは変わりません。トレーシーの夢を推察するに、裏表紙を見ると、そこは"TRACY'S FOREST"（「トレーシーの森」）の看板に変わっています（❖9）。トレーシーは「未来、緑をコミュニティ・ビジネスにするお店屋さんを開きたい、そして都市を森のようにしたい」という夢をみています。**夢想すること、ファンタジーをもって生きる**ことは、人もまちも育む重要な原動力なのです。

❖8
「殺風景」が「生風景」に変わった

里まちing

以上のように、この絵本はこれからのまちづくりの創造的方法を三つの面から問いかけています。ひとつは、子どもの育みとまちの育みをマッチングさせるまちづくりの方法です。いまひとつは、人工的な固い灰色の都市に生命を育む「里」の価値を回復・再創造し、自然と文明の有機的結合を図る「まち」を育む、そのことを「里まちing」と呼ぶならば、ここでは「里まちing」の方法的構図が明らかにされています。さらに三つ目は「ひと・まち育て」と「里まちing」を実現するための具体的手法が、「日付、時の流れ」から「ファンタジー、夢想」に至るまで14のキーワードとして明らかにされています。

❖9 「トレーシーの森」というお店が始まる。かつ「都市は森」の想いの表現

Ⅲ

「あいだ」づくりを大切にする
――コミュニティ篇

17 トラブルをドラマに変える

再生とはヒト・モノ・イキモノの関係が戻ること

劣化、老齢化したヒト・モノ・マチがひろがっていく時代。やりきれない出来事が多発する現代に、生きることへの希望を、意表をつく方向から授けてくれる絵本『わたしたちのてんごくバス』（❖1）。

あるまちのある大通りに捨てられていたバス。行き先はなぜかガムテープで「天国」と表記。ステラという幼い女の子はある日「お母さん、この古いバスは浜辺に打

❖1 ボブ・グレアム、こだまともこ訳『わたしたちのてんごくバス』さ・え・ら書房、二〇一三年

ち上げられた鯨みたいだわ」とつぶやく。停滞状況を変えるのは、それまで見捨てられたモノがタカラモノに見える瞬間です。バスを鯨と見立てた子どもの**想像力**！　まちの人々も古いバスのまわりに集まってきて**つぶやき**を交わしはじめます。人々がつぶやきを発するときは、人もまちもハッスルしはじめます。つぶやきというスポンティーニアス（自発的）な心の動きがお互いに響きあうとき、人もまちも変わっていくのです。

ステラはバスの中に足を踏み入れる。「これは私たちのものになるかも」と。子どもの**予感**に満ちた言葉には、状況を内側から変えていく不思議なチカラがある。

ステラのお母さんとまわりの人々は、バスをステラの家の前庭に移動させます。外から帰ってきたお父さんは、敷地からはみ出して置かれているバスをみて「キソク（レギュレイション）に触れるかもね？」と言いますが、ステラは「バスはここでは、こうしか置けないのヨ。これが私のキソクなの」と。大人は上からのキソクに杓子定規にしばられがちですが、子どもは状況にふさわしい下からの調整を"my regulation"＝「私なりのキソク」と敢然と言ってのけます。常に基本的に問い直す、まっすぐでレギュラーな**自由感覚**あふれるステラの言葉にハッとさせられます。

次の朝、ステラは家の窓から外の景色を眺めて驚きます。これまで誰も座ったことのないところに近所の子どもたちが座っている。バスの車体の下では何人も幼い子どもたちが戯れている。庭に、古いバスという異物が置かれることにより、その空間は親密な柔らかい場所に変わっていく。

古い異物はある空間と結びつくとき、そして人間や生物と結びつくとき、捨てられるのではなく、再生されていくのです。

くたびれた廃棄せざるをえなかった無機的なモノが、子ども・大人・カタツムリ・スズメ・雑草たちによって、生命はずむ有機的な場所に蘇っていきます。劣化し捨てられるものが生を蘇らせる際のキーワードは**settle in**（**落ち着きのよい場所に置く**こと）です。建築もモノも再生とは、それを落ち着きのよい場所に、ヒト・モノ・イキモノの関係の中に置いてやることなのです。東北復興における「ふるさと再生」も、まさに暮らしの風景があるべき場所でsettle in（本気に営まれる）ことなのだと思います。

暮らしと仕事の営みが風や土や草とともにあるべき場所で紡がれ**しなやかに回復する**中で、災害からの復旧を越えてふるさと再生へのsettlement（問題解決）がなされていくのです。その時「災害」という「負債」がsettle up（精算）されるのです。

絵本の物語に戻りましょう。その晩、バンダリズム（環境破壊）を行う青少年たちによってバスは落書きされます。真夜中、ステラのお母さんはそこに出ていってこういいます。

「あんたたち、私にはいいアイディアがあるのヨ。明日ここにまたおいで。あなたたちの力でこのバスをピカピカにできるのヨ」

と。翌日、青少年たちはステラの下書きの絵を見事にバスのボディ全体に描き上げました。ここには、ワルサをする青少年を禁止の世界に追いやるのではなく、人間が持っている表現力を積極的に生かす「**修復的実践**」が示されています。「修復的実践」とは、悪事や犯罪に足を踏み入れる若者たちを、懲らしめるのではなく、人間が本来もっている表現力や善行の力を引き出す「**修復的正義**」の考え方を、地域の人々の思いやりの関係の中で、すなわちコミュニティの力で、実践することをいいます。

まちの人々が古いバスに役立つものをいろいろ持ってくることで、古いバスに生き生きとした生活が戻ってきました。**生活が戻る＝再生**とは、「ハイハイする赤ちゃん、笑いあう人々、ケンカする子ども、犬をなでなでするおじいさん、いろんな会合が準備される、若いカ

❖2
フットボールゲーム機で遊ぶ、犬をなでる、笑いさんざめく声がひびく……古いバスに生活がよみがえってきた。そして「まちの縁側」に

ップルが出会う、幻燈会が開かれる……」

など、多様な人々のふるまいが次々と湧出する状況づくりのことなのです。捨てられた古いバスが、多世代の人々のゆるやかな出会いと交流の安心できる居場所として再生され、**「まちの縁側」**となりました（❖2）。

想像力とは愛にほかならない

ところである日曜日の朝、ステラの家の外では音楽が流れ、人々が踊り、まるでピクニックのように笑い声がさんざめいていました。そこに突然レッカー車が現れました（❖3）。産業廃棄物処理場のボスは「バスをクラッシャーでつぶ

❖3
あたりには音楽が流れ、人々は踊り、ピクニックのような笑いがはじける場が生まれました

せ」と。ステラのほおは燃えるような赤い色に染まりました。

彼女はポケットの中のカタツムリとともに、怒りに心を震わせながらも、冷静にボスに提案するのです。

「すみませんが、あなたとフットボールゲームをやりたいのですが。もし私が勝ったら、バスは私のものです」と。

「なぜバスのためにお前とフットボールゲームをしないといけないんだ？」とボス。

「なぜならば、バスのエンジンにスズメが巣をつくっているからです」とステラ。

ゲームはステラが勝利をおさめました。ステラはバスのところに駆け寄りました。すると、スズメのヒナが誕生していました。処理場のボスは「バスが安心できる場所に移せてよかったナ」と。

突然のトラブルに対して、子どもの機転をきかせた**知的直観力**の発揮は、何が起こるかわからない不安に満ちた現代社会にあってきわめて示唆的です。絶望の淵に追いやられたとき、ひるむことなく挑戦的に自らの得意技をもって対抗し乗り越えていきます。ステラの、絶体絶命のピンチに追いこまれても、必死のパッチでそれに打ち勝っていく機転のきかせ方はどこに由来するのでしょうか。

それは、生の**価値**への深い思い入れではないでしょうか。ステラの生の価値は、小さい生命への**共感**であり、ライフ・生命・生活との具体つながりという**精神的よりどころ**にあります。それを**希望**というならば、希望とは自分が生の輝きとともにあることに最大の価値をおくことから生まれる力でしょう。人間は何を目指して生きるのかの**方向感**としての希望を持っていると幸せなのです。希望は人が生きる精神的なよりどころなのです。それが破壊されるトラブルに直面したとき、**トラブルをドラマに変える**力こそ想像力です。この想像力とは愛にほかなりません。**想像力**とは他者の立場に立ち、すなわち他者の内的経験を自己のそれとして想い描き、主体的に受けとめる能力のことです。そして想像力とは、ステラがフットボールゲーム機を生かして状況を変えるように、手持ちのアイディアから具体的なイメージをつくりあげることです。

　絵本は想像力というコミュニティ・ビタミンを養う源泉です。想像力の一端を示すこの絵本のエンディング。

「満月が上がってきました。三匹のカタツムリはタイヤの下で安心して眠っています。明日、ステラはスズメのヒナがはじめて飛び立つのを見るでしょう」

　すべてのものは生命を宿しています。生命あるものへの想いを巡らせる、**生きる意味**を探りあてる想像力がトラブルをドラマに変える力となるのです。「意味」は、一回限りの「時の要請」(注1)です。「今・ここ」で「ほかならぬお前」がなすべきだというこの一回性の判断は、生命がけの生命への想像

注1
諸富祥彦『「夜と霧」ビクトール・フランクルの言葉』コスモス・ライブラリー、二〇一二年

力からやってきます。絵本は、閉塞された絶望的外的状況にあっても、絶望も希望の始まりと思える、**トラブルをエネルギーに変えて**いく内的な自由と豊かさをもたらす想像力というコミュニティ・ビタミンを授けてくれます。

18 他者とともによりよく生きる

絵本のはじまり

絵本はいつから始まったのでしょうか？　一六五八年オランダでJ・A・コメニウス（一五九二〜一六七〇年）が『世界図絵』（❖1）を出版しました。この本は翌年英語とラテン語にも訳され、国際的ベストセラーになりました。コメニウスはチェコの教育家であり、社会改革家であり、理想主義の人でした。彼が目指したことは、すべての知識はまず感覚を通して心に達しなければならない、そのた

❖1　『世界図絵』にでてくる住まい

めに自然、技術、職業、徳や悪徳、人間社会の組織などを絵で示すことでした。それは当時、グラマースクール（一六世紀に、ラテン語の文法を教えるためにつくられた学校）で勉強を始めようとする子どもに理解できる程度のやさしい言葉と挿絵で説き明かす内容でした。絵を教育の重要な手段として用いたという点で、『世界図絵』の出現は、教科書と絵本の歴史の上で画期的事件でした。(注1)

一八世紀になると、ジョン・ロックの教育論（「やさしく語られた教えは、子どもの心を引きつけ、とらえる」）の影響もあって、多くの児童書は、「楽しみ」ながら「教育」するというコンセプトで出版されるようになっていきます。一九世紀に入ると、教育よりは楽しみの方向に向かう児童書もあらわれて、今日的な意味の「絵本」が出版されるようになります。そのはしりは、ジョン・ハリスの出版した『ハバードばあさんといぬのゆかいな冒険』（一八〇五年）と『ちょうちょうの舞踏会とバッタの宴会』（一八〇七年）。それらは物語構造がわかりやすく、擬人化がうまくなされていたことで有名となり、以後「どこかにいって冒険し、また、もとに帰ってくる」という形をとった物語絵本の系譜が現代まで続いています。(注2)

注1
『復刻世界の絵本館―オズボーン・コレクション』解説、ほるぷ出版、一九七九年、一八・一九頁

注2
中川素子他編『絵本の事典』朝倉書店、二〇一一年、三八・三九頁

楽しみながら生き方を学ぶ

楽しみながら学ぶ絵本の始まりとともに、イギリスでは一九世紀の初めに"The Mansion of Bliss"（『幸福(しあわせ)の館』(注3)、T・ニュートン、一八一〇年、❖2）という、修身的なテーブルゲームが「若い人のための新しい楽しいゲーム」として人気がありました。絵は銅版刷りで、小さく切られ、麻布の上にはりつけられ、折りたたんで瀟洒なボール紙の箱に納めてあります。プレーヤーは、1から4までの数字のついたコマを回して、自分の色の駒を動かします。進んだり、待ったり、後退したりし、ワクワクハラハラのスゴロク遊びをしながら人生に大切なことが伝わる仕組みです。

このゲームに、現代の人育て・まち育ての観点から、どんなコミュニティ・ビタミンが配剤されているかを見てみると興味深いことがわかります。

第一に、生き物・自然への残酷さは「人でなし」であることがたびたびあらわれます。「動物虐待」［12］は［1］へ逆戻り。「果物ドロボー」［14］は二回待ち、「鳥の巣荒らし」

注3
T.Newton, The Mansion of Bliss, 1810（復刻世界の絵本館―オズボーン・コレクション、ほるぷ出版、一九七九年、六二頁より）

［18］はみんなに一点ずつ配る。

第二に、学ぶことの重要性。「よいお手本」［5］に進むと、さらに修養するために、六つ先の「学校」［11］に進み、みんなから一点ずつもらう。逆に「学校のずる休み」［20］は九つ戻り「学校」［11］へ、そしてみんなに一点ずつ払う。

第三に、軽はずみ、争い、放蕩を戒めています。「慎重さや知恵に欠ける大あわて」［2］は二回休み。「ケンカ」［10］はみんなに一点ずつ渡す。浪費癖のある放蕩者［16］は、豚飼い［8］に戻って、豚たちに餌をやる、無分別の報い。

第四に、悪態、中傷を強く批判しています。「ののしる人」［22］

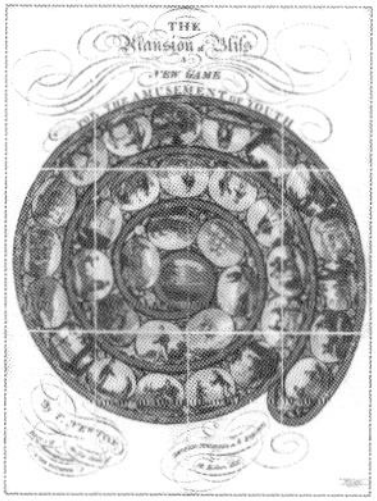

❖2 テーブルゲーム『幸福の館』

『幸福の館』の部分。

は刑務所［4］にこもって三回休み。「悪口を言う人」［28］はよくないクセとして、「兄弟愛」［7］に戻り、他のプレーヤーに一点ずつ配る。他人への中傷が何と21コマも逆戻りとは！　**人と人の間の慈悲や寛容さの分かち合い**を大事にする徳への配慮でしょうか。

第五に、**相互敬愛の関係**が強調されています。「兄弟愛」はとても気もちが良いもの、銀行から四点を受けとる。「ピースメーカー（仲裁人）」［9］は銀行から二点を受け取り、さらに二度コマをまわす。「ヒューマニティ」（愛と慈悲に富んだ人）はみんなから一点ずつもらう（親切なサマリア人の絵）［13］。「チャリティ」［19］（慈悲，貧しい人に思いやりを施す人）はみんなから一点ずつもらい、三回コマをまわす。

第六に、**危機に向き合う勇気**が讃えられています。「船乗り」［21］は、勇気をもって危機と向きあい苦難と闘うので、銀行から二点与えられます。イギリスと海とのかかわりは、大航海時代がきて「島国」からの脱却が加速度的に進行するにつれて、「海を愛する民としての自覚」がこのような遊びを通して刷り込まれていきました。

第七に、清廉潔白がすすめられています。「ピュアリティ」（敏感な植物が人の手を嫌うように、清廉の人はあらゆる誘惑から身を守る）［27］。もう一回コマをまわし、みんなから一点ずつもらう。

ここには二〇〇年前のイギリスの子ども向けゲームとは思えないほど、現代のコミュニティの育みにつながるキーワードが次々と登場していることに目を見張ります。全体に、子どもも大人もひとりひとりが**まわりの人間・自然・環境とのつながり**においてよりよくふるまう、**他者とともによりよく生きる生き方**の美学としての「徳」が多面的に表されています。

そして、このゲームの最後「上がり」は「幸福(しあわせ)の館（Mansion of Bliss）」[34]。すなわち日々をよりよく生きる生き方をする人々は、幸福に至るに価する人としてゲームの勝利者になるのです。

イメージを喚起する空間

ところで、「幸福(しあわせ)の館」として描かれているマンションはどんな由来があるのでしょうか。イギリスのエリザベス一世の時代（一五五八～一六〇三年）には、貴族たちがそれまで住んでいたお城から平地の大きな屋敷に住み替えるようになります。この王侯貴族の邸宅が"mansion（マンション）"と呼ばれるようになりました。マンションの呼称の起源は、シェークスピアが活躍していた一六世紀末のイギリス貴族の邸宅にあるのです。

日本では、マンションは民間分譲集合住宅の通称であり、数多ありますが、ロンドンでは、「マンション・ハウス」と名のつく建物は、シティと呼ばれる金融街にシティのロード・メイアー（市長）がいるマンション・ハウスだけです。(注4)ちなみに、このスゴロクの上がりに描かれているマンションに類似する、今日まで保存されているものにマンチェスターのヒートン・ホール・アンド・パークがあります。ジェームス・ワイアットの設計したこの独特な古典主義的建築は、階段室はローマ風の柱、アダム様式の装飾、すばらしい鋳造の手すりの小柱が興味深い[注5]（❖3）。このような**よりよきものに至るイメージ**を喚起してくれる空間構成が背景となって、「マンション」が活用されているのですネ。

注4
出口保夫『私のロンドン案内』主婦の友社、一九七八年、六二頁

注5
マーガレット・ポーター、アレクサンダー・ポーター、宮内悊訳『絵でみるイギリス人の住まい2―インテリア』相模書房、一九八五年、二六頁

❖3
ヒートン・ホール・アンド・パークの階段室

19　自然の力を感じる力を育む

東日本大震災から四年の月日がたとうとしています。今なお数多の人々が仮設住宅生活を強いられています。現地でのふるさと再生を願いながら、無理やりふるさとを捨てさせられる過酷な状態があちこちに見られます。果たしてそれでよいのでしょうか。津波が予想だにしない被害をもたらしたがゆえに、高い防潮堤建設への動きが起こっていますが、それによって海への眼差しと親水的かかわりが奪われます。そのことは長い間に培われてきた住民たちの海への五感と危うさへの機敏な反応を鈍らせることになるのではないでしょうか。そのことをうかがわせる絵本をひもといてみましょう。

あきずに海を見る

いわさゆうこ作『うみにあいに』（❖1）は、仙台湾に面す

❖1　いわさゆうこ『うみにあいに』アリス館、二〇〇三年

る宮城県山元町を舞台にした絵本。かっちゃんは夏休みにおばあちゃんちにやってきました。

「どどーん　どどん、どどーん、どどん　どどーん」の海の波の音に耳を澄ましながら、いつのまにか眠ってしまいます。かっちゃんは、縁側越しにガラス戸の向こうに見える林のそのまたずっと向こうの松林のその先にある海を見たいと思います。

小道、笹の葉のトンネルを抜けると一面の田んぼ。あぜ道を歩くとトノサマガエルに出会い気分がよくなって口笛。田んぼの向こうは葦（よし）の細長い葉がゆれる川がゆったりと流れています。さといも畑、松林の向こうには、かっちゃんを励ますような波の太鼓。海の匂いのする風がほおをなでて通り過ぎます。後ろから追いかけてきた犬・ぽっぽとの出会い（❖2）。かっちゃんとぽっぽは、勢いよく砂山をかけ上がります。

すると海が開けました。海はきらきらと輝き、波しぶきがあっちこっちで砕け散っています。かっちゃんはあきずに海を見つづけました。

ここには、幼い子どもの眼を通して、海と松林と田んぼと川などの海浜環境の親密さが見事にとらえられています。先に触れたように過剰に高い防潮堤は、子どもが五感をフル動員しながら自然とかかわる経験、とりわけ海の持つ生き物としての存在への親近感を奪ってしまうことになります。例えば岩手県田老町では震災前に高さ一〇メートル長さ二・五キロ近い巨大な壁を立て、ハード面の防災対策で大丈夫であることを強調したがために、住民の海への関心を喪失させる目隠しになりました。

　現地を歩くとその感は否めません。

防潮堤をいたずらに高くすることは、人間が自然を支配し自然を拒否する技術偏重の近代の考え方です。むしろ東北の海と共生してきた漁民など地域の人々の考え方は、**自然の恵みを享受しつつもその恐怖に対して適切に逃げる**という両面性を大事にすることにありました。**自然の両面価値との共生**、これが日本人の自然とのつきあい方の文化として息づいてきました。そのことは、次のような歴史的エピソードの中に示されています。

自然の力を感じる力

先覚に学ぶ津波の歴史的なタカラは、江戸時代末期の安政南海地震（一八五四年）の際、稲むらに火をつけて村民を高台に呼び寄せ、津波から救った紀州広村（現和歌山県広川町）の浜口五兵衛（雅

❖2 波の太鼓が近づいてきた

号は梧陵）の業績があります。

ラフィカディオ・ハーン（小泉八雲）原作の「生ける神」（Living God）で引用された浜口梧陵のエピソードをもとに再構成した絵本が『樹のおつげ』（❖3）です。

久作は引っ込み思案の男の子でした。お気に入りの大きな樹の下でひとりで過ごすことの多い子どもでした。成長した久作がある日、いつものように樹の下にすわっていると、どこからか子どもの頃に見たことがある女の子が現れて津波の到来を告げました。その予言のおかげで村は救われたのです。

この絵本は、渋いモスグリーンを基調にした風格のある表現で見る者を引きつけます。子ども時代の久作は、家のすぐわきの森の大きな樹の下で遊ぶのが好きでした。樹の根本のアリやセミの穴の中にはなにか不思議な世界が隠されているような気がしました。小鳥の声や木の葉が風のそよぐ音にじっと耳を澄ませていると、小鳥や風の言葉がわかるような気がしました（❖4）。主人公は**遊びを通して自然に霊魂を感じる感受力**が養われていったのです。大きな嵐・津波が来ることを察知できる霊力のようなものが彼の中に潜んでいたことを示しています。人間は、子どもの頃からの海や自然との体

❖3
ラフカディオ・ハーン原作、さいとうゆうこ再話、ふじかわひでゆき絵『樹のおつげ』新世研、二〇〇二年

験的つながりを通して、**自然の恵みを呼吸し、恐怖を避ける本能的力**を育んできたことをこの絵本は伝えています。

自然そのものに優る卓越性

加えて、この絵本は「災厄」との遭遇にあたり、人間の判断する能力の大切さを示唆しています。「災厄」に当たる欧米語は disaster（英語）、dis-astrum（ラテン語）です。Astrum とは、astronomy、asterisk という語で知られるように、star、すなわち「星」のこと。dis- とは分離や除去、否定や剥奪を意味します。

だから「disaster とは、道しるべとしての星が隠れ消えてしまう

❖4
自然との交流が自然の力に感じる力をもたらす

こと、星から逸脱することであり、それはとりもなおさず、光を喪い彷徨い、道を逸脱してしまったことを意味している。途絶と逸脱[注1]」。

『樹のおつげ』には、disaster、災厄に遭ったとき、人間のうちにあるそれを察知しうる魂の強さを高揚させ、「自然そのものに優る卓越性」を持ちうることが明らかにされています。人間は**自然と徹底的に共生する**ことを通して、自然に還元されない人間のみに固有の力、「**自然そのものに優る卓越性**」を持ち得ているのです。この卓越性を、カントは「われわれの人格のうちの人間性」と呼びました。[注2]

「到来する災厄」に対して予知してそれから逃避できる人間の持つ卓越性、「落ちてきた災厄」に対して、それでも立ち向かおうとする人間の卓越性、自然の大きさに対してこれに対峙して屹立しうる人間の気高さ。ハンナ・アーレントは災厄に抵抗し、その不幸への抵抗に比肩できるものを「**新規巻き直しに事をはじめる私たちの能力**」という語によって示し、これを「勇気」とも「使命」とも語っています。[注3]『稲むらの火』の浜口梧陵は、状況を判断する能力をもって災厄を避ける「勇気」、災厄を越える「使命」を発揮し、人々の生命を

注1　佐々木俊三「災厄と経験」『震災学 vol.1』東北学院大学、二〇一二年七月、四三頁

注2　同前書、四四頁

注3　同前書、四五頁

守り地域を蘇生させました。彼の中には、**自然との共生への意志と地域を育み続ける喜び**というコミュニティ・ビタミンが活性化していたといえるでしょう。

防災教育用教材

ところで『稲むらの火』は、一九三七（昭和一二）年教育紙芝居として制作されています（❖5）。その教材としての要旨は次のように記載されています。

海嘯こそ天変地異の中、災禍凄惨の最たるものである。対策なき土地、一度海嘯の襲ふところとなれば、営々として蓄積した人間のいとなみも、生命も、文字通り一朝にして水泡に帰す。

庄屋五兵衛が薄暮の微震によく此の異変の兆しを直覚し、臨機の奇策を講じ、村民四百の生命を救済した、その没我済人の献身的行為に感激せしむ。

ちなみに、この紙芝居は「防災まちづくり学習支援協議

❖5 教育紙芝居「稲むらの火」

会」が二〇〇五（平成一七）年に復刻版として刊行しています。予想される大津波への備えのための防災教育の歴史的教材として貴重です。

最後に、三・一一以降につくられた絵本について一言。『ハナミズキのみち』（❖6）は、息子を津波で亡くした母親がその悲しみを乗り越えるために二年の歳月をかけて言葉をつむぎ、津波が来たとき、みんなが安全なところに逃げられる目印にハナミズキの道をつくろうとの呼びかけがなされています（❖7）。

以上の四冊は、防災教育教材として、**自然との共生に対する人間の判断する能力、自然そのものに優る人間の卓越性**を発揮することが、災厄を越えて希望のコミュニティ・デザインをもたらす大きな力であることを伝えてくれています。

❖6
浅沼ミキ子、黒井健絵『ハナミズキのみち』金の星社、二〇一三年

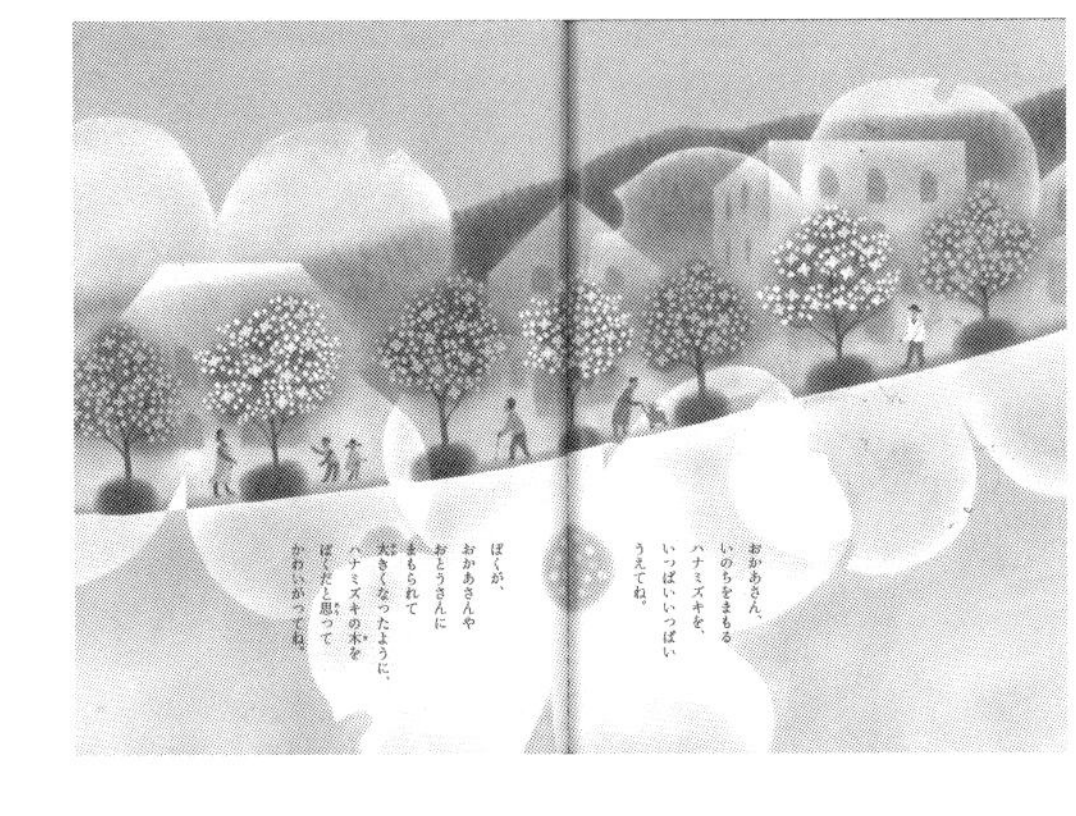

❖7
いのちを守るハナミズキの道

20　歓待と心づかいの窓を開く

別れと出会い

　絵本“Bad Bye, Good Bye”（『悲しいさよなら　うれしいさよなら』◆1）の本のトビラ、引っ越し屋がオモチャをつめたダンボール箱を持ち上げようとする瞬間、幼い男の子と犬は怒りをあらわに。次のページをめくると、箱を持ち上げる引っ越し屋、それを離そうとしない子ども。「いやな日やな、おもちゃのハコなくなるし[注1]」と。さらにめくると、「床ふいたらすべるやんか」「積み木くずれてしもたやんか」と男の子も女の子も泣き声。ページをめくるにつれ、あるおうちの引っ越しをめぐる子どもの反応が次々と。

　男の子は家族とともに車で引っ越し先へ出発します。友だちの女の子は“Bad wave”（「いやいや手を振る」）、男の子は“Bad bye”（「ほんまにいややな」）と呼応します（◆2）。ここで

◆1
Deborah Underwood, illustrated by Jonathan Bean, *Bad Bye, Good Bye*, HMH Books for Young Readers, 2014

注1
筆者が訳した際、原書のシンプルな英語を関西弁のニュアンスをこめて日本語に表現した。

“Bad bye”の使い方が注目されます。“Good bye”は単なる「さようなら」ではなく“have a nice day”（良いことがありますように、ごきげんよう）の願いをこめた意味ですから、別れの悲しさは“Bad bye”。女の子は“Good bye”といわずに“Bad wave”、いやいや手を振るしぐさをしています。

車は「灰色の雲いっぱい」の中を走り、やがて風景は「金色の小麦畑」に変わります（❖3）。そして引っ越し先の新しいまち、「引っ越し先の家」に着きました。「あたらしい家の玄関ホール」を通って「あたらしい部屋」「あたらしい壁」。外に出ると、引っ越し屋のおじさんがボールを投げる方向に向かって「もうできた友だち」といっしょに走りはじめる男の子。「はじめて見るちいさな虫」「ひかるホタル」に見とれる子どもたち。「きもちのええ木」にのぼり「きれいな空」に吸い込まれていきます。「ええ友だちや」「また会おな」（“Good bye”）で、

絵本は閉じられます（❖4）。

"Good bye"と"Bad bye"の葛藤

この絵本は、**「ええナ（グッドバイ）」の気持ちが「いややナ（バッドバイ）」に変わる瞬間、反対に「いややナ（バッドバイ）」が「ええナ（グッドバイ）」に変わる瞬間**を生きととらえています。絵本をめくる、時が過ぎるとともにバッドからグッドへ、「いや」から「よい」へと気持ちの変化を表現しています。

子どもの頃にきいたラジオで井上ひさし作の「ひょっこりひょうたん島」の歌の中の「お別れは悲しいけれど、出発は楽しいナ」の一節が思い浮かびます。また、死は人生の終焉、別れのときだといいますが、一方では亡くなられた方に「安らかに眠ってください」と呼びかけます。死はひとつの出発であり、「別れのとき」ではなく「出発のとき」でもあります。この絵本では「お別れは悲しい」、それが時を経て場所が変わり「出会いは楽しいナ」になります。ネガがポジに瞬間にして変わる場合と、それらが時を経て変わる場合があることがわかります。

❖2（右頁）"Bad wave"（いやいや手を振る）、"Bad bye"（「ほんまにいややな」）

❖3 「灰色の雲いっぱい」から風景は「金色の小麦畑」に

いずれにせよネガとポジの相反する感情のアンビバレンス・葛藤をしなやかにとらえる発想が、内なる自己をコントロールして生きる力を育むことにつながるのだと思います。

この絵本は、引っ越しをテーマにしながら、別れと出会いにおける"Good bye"と"Bad bye"の混合的感情、**相反する感情が状況に応じて自由自在に変化するしなやかな生き方**を示唆していて大変興味深い内容です。ページをめくるごとに車が前に進む、時間が前に進む線構造の絵本ならではの面白さも目を離せません。これまでの住宅地から新しい住宅地へ移動する途中のまちの風景の多様さと、それぞれの住宅地の個性も発見的に楽しめます。

「こんにちは　さようならの　まど」

"The Hello, Goodbye Window"(こんにちは　さようならの　まど)(❖5)も"Good bye"がキーワードの絵本です。まち中の一戸建てに住んでいるナンナおばあちゃんとポピーおじいちゃんの家の台所の窓は、幼い女の子「私」にとっては魔法の入り口。それを「こんにちは　さようならの　まど」と呼ん

❖4
「また会おな」("BGood bye")

❖5
Norton Juster, Illustrated by Christopher Raschka, The Hello, Goodbye Window, Hyperion Book CH, 2005
(ノートン・ジャスター文、クリス・ラシュカ絵、石津ちひろ訳『こんにちは　さようならの　まど』BL出版、二〇〇七年)

でいました。その窓は普通の窓のように見えましたが、私にとっては通常の窓とは違っていました（❖6）。窓の向こうの台所では、いつもナンナおばあちゃんとポピーおじいちゃんがいました。ナンナおばあちゃんがたまには窓ごしに私に向かって「いないいないばあ」をするので、笑いころげてしまい、家の中に入る前に楽しい気持ちと歓待の心をたくさんもらいます（❖7）。

　ナンナおばあちゃんは、私がもっと幼かった頃にはタライで行水をしてくれました。ポピーおじいちゃんは、ハーモニカを私のために吹いてくれますが、「おおスザンナ」一曲のみをいろいろな吹き方で楽しませてくれました。たまに私は「こんにちは　さようならの　まど」の前に座り、じっと外を見つめます。そうすると、ナンナおばあちゃんが「これは魔法の窓よ」というように、見たいものが何でも見えるようになる……例えばもう絶滅しているはずの恐竜の顔がのぞいたり……ピザ配達の人もイギリスの女王様もみんなやってくるのよ……と。

　ママとパパは仕事が終わると私を迎えにくるの。おうちに帰れるのは嬉しいけど、ナンナおばあちゃんとポピーおじい

❖6
まち中に住むナンナおばあちゃんとポピーおじいちゃんの家

ちゃんと別れるのは悲しい。嬉しさと悲しさがいっしょにやってきます。別れるときはいつも窓の下でサヨナラのキスの花を咲かせます。いつか私の家をつくるときには、特別の「こんにちは　さようならの　まど」をつくりたい。そのときは、私がナンナおばあちゃん、ポピーおじいちゃんに誰がなるかは分からないけど、ハーモニカを吹ける人がいいナ……。ということで、おしまい。

この絵本の作者ノートン・ジャスターは、かつては建築家であり大学の教師でした。引退後は目下おじいさんとライターになることを修業中。これが彼の最初の絵本。絵を描いたクリス・ラシュカのほのぼのとした心弾む楽しい表現と

❖7　窓の向こうにはいつもふたりが

あいまって、この作品は二〇〇五年コールデコット賞（アメリカの年間の最優秀絵本に与えられる）を受賞しています。

「歓待と心づかいの窓」

この絵本は、子どもの視点からのまちの育み、コミュニティ・デザインに向けて重要なことを幾重にも語りかけています。第一に、子ども時代をくっきり思い返せる楽しさの発見の旅と、わくわく感のはずむ居場所での孫と祖父母の間の愛の物語が表現されていることです。**「発見の旅」ができる、「居場所のわくわく感」にひたれる子どもの生活環境づくり**がハード・ソフト両面にわたってどんなに大切なことかがラブ・ソングのようにやさしく伝えられています。

第二に、「こんにちは　さようならの　まど」は、人と人の間を通して偶然の出来事から非日常の世界へ、不思議の出来事から不思議の世界へと新しい窓が開かれる生き方を示唆しています。人はこころの深層において、こうした自然に他者に向けられた感情としての開かれた「心づかい」の窓を欲しているのではないでしょうか。ここには**他者を歓待し他者に心づかいをする生き方・住み方**が表現されていますが、その意味で、「こんにちは　さようならの　まど」は「歓待と心づかいの窓」といっていいでしょう。「歓待と心づかいの窓」は、住居の開口部としてのハードとともに、人と人のかかわりの相互的つながりのソフトをも意味していることはいうまでもありません。子どもとお年寄りの出会いの愛の歌も「歓待と心づかいの窓」も、人が生きる上での「愉悦と生命の息吹」[注2]を伝えるまことに重要な仕掛けです。そこには"no-where"という「どこにもない場所」を超えて、**"now-here"という「今ここ」**が実現しています。あいまいな「いつかどこか」ではなく、リアルにかけがえのなさ、唯一一回性の「歓待と心づかいの窓」がひとりひとりの心に開かれていくとき、我と汝、ひととまちの関係を結ぶ心の窓が開かれていくのではないでしょうか。

　第三に、この絵本の末尾にある「嬉しさ」と「悲しさ」が一緒にやってくるというフレーズは、先の絵本の意味することと重なって、**ポジとネガの混合的感情を葛藤として対立させず、否定と肯定が一瞬に同時進行**することで、複雑さをシンプルにとらえる生きる力が促されていくことを示しています。

　本稿で取り上げた二冊の絵本は、**良と否、我と汝の「あいだ」を状況に応じて自由に往還できる柔らかい発想**が、人々の生き方やまちの育み方において不可欠であることを示しています。特に、**気持ちのネガをポジにしなやかに変えていくにも、他者に向けられたやさしい感情を発露させる**ためにも

注2
古東哲明『瞬間を生きる哲学――〈今ここ〉に佇む技法』筑摩書房、二〇一一年、一四四頁

「歓待と心づかいの窓」を開けることが肝要です。日々の生き方やコミュニティ・デザインの現場において、**「歓待と心づかいの窓」を相互に分かち合える、ともに生きる姿勢**を心に留めたいものですネ。

21 音楽がつくるネットワーク

音には色があり香りがある

子どもたちが外で生き生きと遊ぶ光景が見られなくなりました。人々が道端で立ち話をする姿も見られなくなってきています。エリントン通りもとっても静かでした。小鳥のさえずりもありません。

そんなまちに住むフランキーの家の中も極めて静かでした。「静か」であることは二重の意味をはらんでいます。住環境としての静けさは大切ですが、生きる上での活気のない過剰な静けさは、個やまわりの生のエネルギーを失わせていきます。「生きる力」が不在の静けさから、「生きる力」が旺盛になる過程を描いた絵本に、イギリスの"Here comes FRANKIE !"（『トランペットを吹くフランキー』❖1）があります。

フランキーは感情のままに泣き叫んだりしたことがありま

❖1
Tim Hopgood, *Here comes FRANKIE!*, Macmillan Children's Books, 2008

せんでした。学校でも友だちから話しかけられないと、自らはしゃべりませんでした。フランキーの両親は二人ともそのまちの図書館員で、静かに暮らすことをモットーにしていました。ファミリーペットの犬も猫も吠えたり鳴いたりしませんでした。時計もチックタックの音もたてませんでした。フランキーの家族生活は完璧に平和で静かでした。しかし、フランキーは突然つぶやきました。

「ぼく決めたんだ！」

「ぼくはトランペットを吹きたい！」

両親はうろたえました。

そしてこう言いました。

「トランペットについてのいい本があるから、その本を読んだら？」

「チェスのような静かにやるものにしたら？」

フランキーは敢然と自らの願いを通し、ある日学校から帰ってくるとき、輝くトランペットを手にしていました。

フランキーはほおをふくらませてトランペットを吹き始めました。顔が青くなるまで吹きましたが、鳴りませんでした。やがてトランペットが鳴りはじめると、食器を洗ったあとの汚い水のような、くさりかけの玉ねぎのような嫌なにおいが部屋中に漂いました。両親は怒鳴りちらしました。

フランキーは練習に練習を重ねているうちに驚きました。トランペットの音の響きを通して、色を感じたり香りを感じたりできるのです。音程が低いほど、チョコレートのような暗い色調を感じとりました。音程が高いほど、パイナップルのような明るい色調を感じとりました。フランキーが懸命に吹けば吹くほど、その場の空気感が色彩豊かな音にひたされ、不思議で素敵な香りが漂いました（❖2）。

「スバラシイ！」といって父親は本をふせました。

「オイシイワ！」といって母親はペンを置きました。

犬は吠え始め、猫はミャオミャオと鳴きはじめました。時計はチックタックと鳴りはじめました。両親は踊りはじめました。

フランキーは扉を開けて、通りでワクワクしながらトランペットを吹きました。近所の人々が家の

❖2 トランペットを吹くと、空間が豊かな色彩、豊かな音に満たされました

中から出てきて、みんなは足を踏み鳴らし、手を打ち、ダンスを始めました。お日様が輝くような音にあわせて。エリントン通りはにぎやかになりました（❖3）。

混成美は瞬間に変える力となる

本書は輝くような色彩が豊かで、部分的にキラキラと反射するような光沢仕上げも見られる魅力あふれる絵本です。ここには人の育みとまちの育みにおいて二つのことが示唆されています。第一に、子どもの内から発する生への意欲─「こんなことをやってみたい」の**つぶやきとふるまいを引き出す**まわりの支援が、子どもの「生きる力」を育む上で大切であるということです。「個人を服従強制の状態に保つ」（フーコー）社会の制度の枠組みを超えて、ひとりひとりが自ら**生きる自由を表現する**状況づくりをしていくことが重要です。個性は色彩です。音楽の色彩のように、人間にも気色の豊かさを育むことが肝要です。

第二に、音楽には色があり、形があり、香りがあることです。音に色を感じたり、香りを感じたりすることを、

❖3
音楽に合わせてタップにダンス、通りは賑やかになりました

Synaesthesia、「共感覚」といいます。フィンランドの自然風土の魅力をメロディー化したシベリウスは、音程と香りを関係づけました。ほかに有名な共感覚の表現者としては、ジャズのトランペッターのマイルス・デイヴィスや、抽象画家のカンディンスキーがいます。

この絵本では、共感覚を誘う音楽表現が、沈んだ生活に活を入れ、気づきを促し、元気に快活に生きる力を呼びさます効果があることが示されています。音楽は人々の生きる場に**生き生きと心はずむ関係**を生成します。大切なことは、何か意味ある音楽に出会うことができるかということではなく、子どもや大人が、生活者が自ら音楽を奏でる時空間を通して、何かが起こるというハプニングが生起することです。フランキーのトランペットを吹きつづける過程の瞬間における、両親の気づきと変化が起こるところに意味があるのです。香りや色彩を感じさせる音楽は、**トラブルをエネルギーに変える**力を持っているようです。音楽する、演奏するという活動がエネルギーそのものであり、共感覚としての音楽表現の内発的エネルギーは、魂となって他者の心に伝わっていくのです。

アートとハート

集まり住みあう生活現場で、音楽により、人と人の関係が育まれていくことを語りかけるもう一冊の絵本として、アメリカのエズラ・ジャック・キーツ（一九一六一八三年）作の『アパート3号室』（❖4）があります。

ニューヨークのアパート。どこかからハーモニカの音がきこえてきます。少年サムは、3号室の住人である眼の不自由なベッツィと出会い、思いがけない言葉のやりとりとハーモニカ演奏に触れます。ベッツィは語ります。「ぼくは知ってるね、いっぱい。いいかい、ぼうや。いつ雨がふるか、いつ雪がふるか、何の料理をしているか、何のことでたたかおうとしているか、ぼくは知ってるんだから……」と。

ふいに立ち上がって、ベッツィはハーモニカを口にあてて吹きだしました。

「その人は、むらさきいろや、はいいろや、雨や、けむりや、夜のざわめきを、ハーモニカから音にだしてみせた」

ここには、フランキーの絵本と同じように、音楽は色彩、形態、香りのある複合的な美の表現力を持っていることが示されています。

「外からあらゆるみえるもの、きこえるもの、いろというい ろがみんな、へやに入りこんできて　ただよっているようなかんじがした。そのまんなかに、サムもいっしょにただよっていた」（❖5）

❖4
エズラ・ジャック・キーツ、きじまはじめ訳『アパート3号室』偕成社、一九八〇年

ここには、共感覚を誘う音楽を媒介にして、人間と空間が相互に含みあう関係が生成しています。人間はまわりとの「あいだ」をあいまいにせずに、たゆまずヒト・モノ・コトの間柄を状況に応じて柔らかく紡ぐとき、人間も環境もともに生命の輝きを発揮するものです。そのような「あいだ」の創造を建築計画学では「人間─環境相互浸透関係のデザイン」と呼んでいます。

このようにして、キーツの絵本には、都市に生きる子どもの経験や感じ方のリアルな表現が普遍性を持つ内容として表されています。

そして、音楽は集まり住みあう人と人の間に**友愛の関係**を育む力を持っています。「**幸福な人は友を必要とする**」とアリストテレスは述べましたが、音楽と演奏活動は、バラバラの状態を友愛の関係に変える可能性を秘めています。

集まり住みあう生活空間のハード（形態）とソフト（住み方）の関係のありようが問われて

❖5 いろというい ろがみんな、へやに入りこんできて ただよっているようなかんじがした

いる現代にあって、これらの絵本は、ハードとソフトをゆるやかにつなぐ仕掛けに、音楽とそれを演じる人の活動があることを示しています。その際の音楽は、聴覚的メロディーだけでなく、視覚的な色や形、嗅覚的な香り・匂いをも含む五感をフル動員するような複合感覚を触発する共感覚であることに注目する必要があります。共感覚を解発する音楽というアートが、集まり住みあう人々のハートをとらえるのです。

アート（芸）がハート（情）を育むことに着眼し、都市の生活空間における音楽と演奏する人の介在のあり方を考え実践を重ねていくことは、コミュニティ・ビタミンを涵養していく上に大切な視点ではないでしょうか。

22 対話を通じて心の窓が開かれる

映画的手法の導入部

「宇宙のなかの ある惑星のある大陸の ある国のある町の……」見開きから絵本の物語が始まっています。扉には、まち中の集合住宅街区の並びが描かれています。この絵本は見返しや扉が絵本の物語をくみたてる周辺要素（パラテクスト）として生かされています。

「ある建物の ある窓のなかに、ある雨の日、ひとりの 女の子がいた。なまえはマドレンカ」。『マドレンカ』（❖1）の表紙カバーは中庭を囲む集合住宅を上からパースペクティブに眺めながら、そこに穴があけられ、主人公の女の子・マドレンカがキュートな顔をのぞかせています。

この絵本の作者ピーター・シスはプラハに生まれ、今ニュ

❖1 ピーター・シス、松田素子訳『マドレンカ』BL出版、二〇〇一年

ーヨークに住んでいます。地図が大好きな彼は、物語の舞台を位置づけるのに、宇宙・惑星・地球・北半球・アメリカ大陸・アメリカ・ニューヨーク・マンハッタンと、空間の大スケールから小スケールへと段階を追いつつ、主人公の居場所にスポットライトを当てていきます。映画的手法でこの絵本ははじまります。

固有名詞の呼びかけは

幼い女の子マドレンカは、乳歯が生えかわろうとしています。私発の出来事を「みんなに知らせなくっちゃ」とアパートから外にとび出して、集合住宅街区の足元のお店屋さんを一軒一軒訪ねていきます。最初はパン屋さん。

「こんにちは、ガストンさん、あのね、わたし歯がぐらぐらするのよ！」（❖2）

「ボンジュール、マドレーヌ（おや、こんにちは マドレンカ）。そりゃ、おいわいしなくちゃね」とガストンさんは応答。あいさつの言葉は、ニューヨークという人種のルツボにふさわしく、それぞれのお国の言葉となっています。多文化交流の

❖2
「こんにちは、ガストンさん」から始まる対話。本当にあったケーキのこと、パリのまちのイメージが見事に結合されている

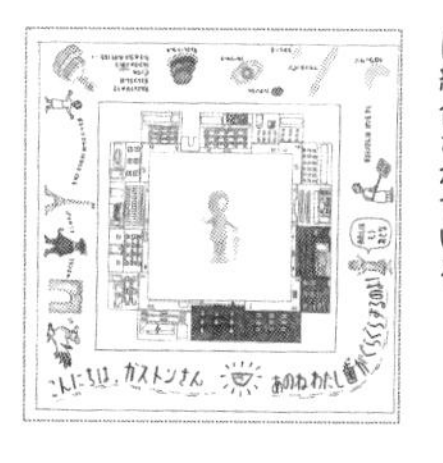

日常世界があることをうかがわせます。

続けてパン屋のおやじは「そりゃ、おいわいしなくちゃね」と焼きたてのクロワッサンをプレゼントしてくれます。とともに、彼は彼女にふるさとパリのまちの思い出を語りかけます。パン屋の店にあけられた窓の向こうには、エッフェル塔が見えます。「窓あき仕掛け絵本」は、ページのまん中をくりぬくことによって、窓を通じて大人と子どもの対話が行われることが示唆されています。**対話を通じて心の窓が開かれ**ていきます（❖3）。

二段のチョコレートケーキの上に乗っかるエッフェル塔、フルーツケーキの上のノートルダム寺院、

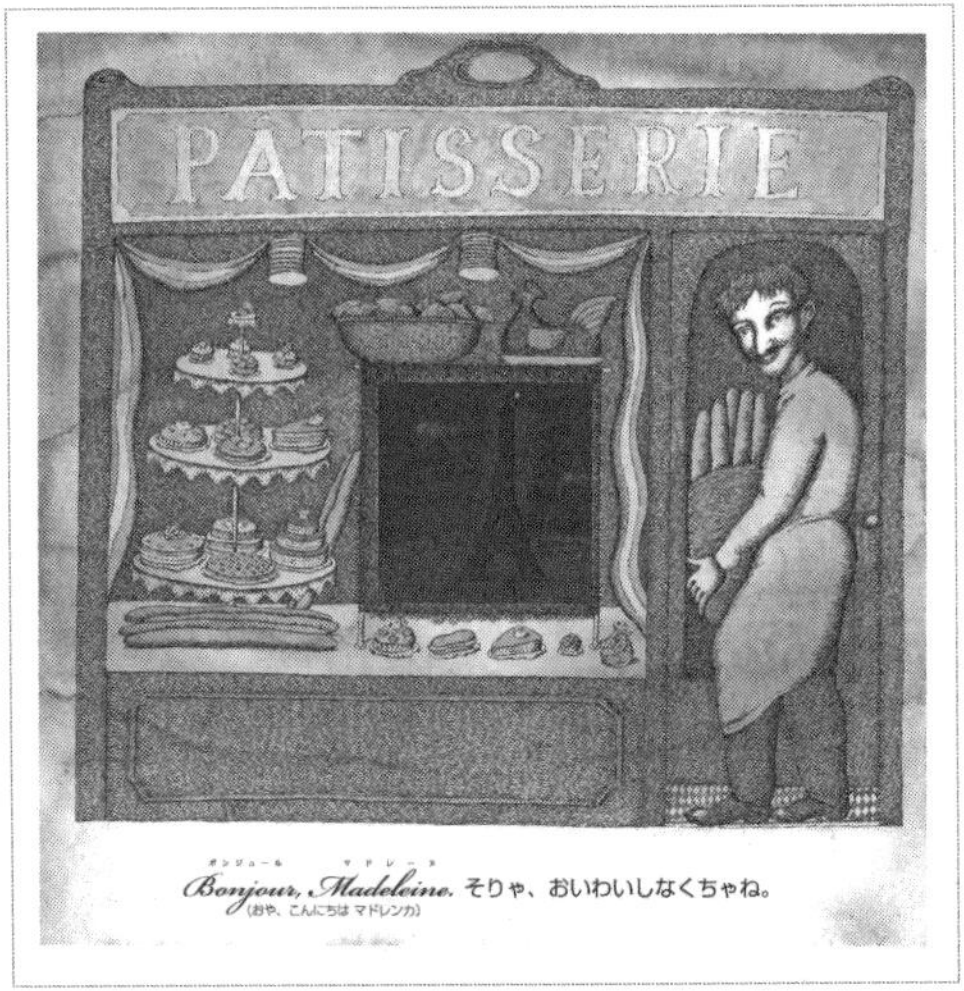
PATISSERIE
ボンジュール マドレーヌ
Bonjour, Madeleine. そりゃ、おいわいしなくちゃね。
(おや、こんにちは マドレンカ)

❖3
「おいわいしなくちゃね」。真ん中の穴あき窓の向こうには、うっすらエッフェル塔が見える

いろんなケーキの上のパリの名所が連なる見開きページ。このような絵になっているのは、理由があります。マドレンカの誕生日のとき、ガストンさんはピンクのバレリーナの人形をケーキの上に乗っけてくれた……という本当にあったこと（直接法）と、ガストンさんから今きいたパリのまちの話を彼女が心の中にイメージしたこと（願望法）が見事に結合されているからです。ここには自ら体験して事実としてあったことと、他者からの話をきいたことを重ねあわせて、子どもの心の中に浮かぶ独特の時空間（クロノトポス）のイメージが表現されています。いまだ見たこともない場所のイメージが喚起されますと、彼女の心には**他の人・場所との出会いへの願望**が立ち上がってきます。

「よーし、みんなのところにいっちゃおうっと！」と次なる行動に向かいます。

新聞・雑誌を売っているインドからやってきたシンさんに会うと、彼は「よい知らせじゃ！」と言いながら、彼の子どもの頃の思い出をマドレンカに語りはじめます。インドの森の中を象や鹿と散歩したことを。次いでイタリアからきたアイスクリーム屋さんチャオ、さらにドイツからやってきたグリムおばさん。

マドレンカの気持ちは高鳴ります。「ああ、これって、人生最高の日だわ！」と思いつつ、さらに、友だちのクレオパトラを含む数人に出会い対話がはずみます。

まちの人々に自分の歯がグラグラすることを伝えつつ、わがまちを「タンケン・ハッケン・ホットケン」し、街区一周してきたマドレンカ。帰宅すると、お父さんお母さんから大目玉をくらいます。「いったいどこに行ってたの?」「わたしね、世界をまわってたの」と言ったところで、マドレンカの歯は抜けました。ここには、歯の生えかわりという小さな生命の育みの過程において、子どもとまわりの大人たちの素敵な出会いの物語が成立しています。この絵本は、生きるということは、そして、子どもが育つということは、子どもとまわりの人々とのダイアローグ、**対話的コミュニケーションのはずみ**にあることを鮮やかに描いています。ここには、子育てとまち育てが生き生きと呼応していくための大切な原則が二つ隠されています。

ひとつは、呼びかける、呼びかけにこたえるにあたり、**固有名詞を呼び合える関係**を紡ぐことの重要性です。マドレンカは、歯が生えかわる私発の出来事を他者に伝える際、パン屋のガストンさんにも、友だちのクレオパトラにも、すべて固有名詞で呼びかけています。あいさつ、発話の「宛名性[注1]」(addresivity)は、呼びかける側と呼応する側が**親密な双方向的コミュニケーション**を交わすことにより、両者ともに会話もふるまいも相互活性化させていきます。生きる力とは、他者への呼びかけ、呼びかけにこたえるダイアローグ・対話の実践・「あいだ」づくりによって生み出される無際限の可能

注1
ロバート・スタム、浅野敏夫訳『転倒させる快楽――バフチン、文化批評、映画』法政大学出版局、二〇〇二年

性をおし広げていく過程で育まれていくのです。

よく地域づくりで「あいさつ」運動が提起されますが、大切なことは、それが形式的なやりとりで終わることなく、実質的に相互活性化の「あいだ」を育む状況づくりに持続的に発展させられるかどうかです。

子どもの視点からの「ダイアローグ的想像力」

子育てとまち育ての相互作用が高まるもうひとつの要件は、「**ダイアローグ的想像力**(注2)」を喚起する関係を紡ぐことです。「ダイアローグ的想像力」とは、子どもがまちの人々の対話の中で「雑色の言葉のダンス」(バフチン)に出会い、「人生最高の日」と思える生涯の記憶が刻まれ、思考の鼓動が生成することをいいます。

マドレンカと他者との相互交流を通じて、マドレンカは、自己の経験事実をベースにしながら、触れたこと、聴いたことを心の中に、自らがかかわりたい時空間の像を想い描くことができました。

過去の思い出と未来への思い入れが相互に反映し相互に影

注2
同前書

響を及ぼし合って、特異な個性的イメージを喚起できることが、子どもの成長にも大人がよりよく生きていく上にも、語句を展開するだけではなく、イメージ、比喩、シンボルなどの展開によるかけがえのない想像力の翼をひろげる機会をもたらします。そのことは、子どもにも大人にもナラティブな生き方と物語的なまちの育みにつながります。

ナラティブに語り合いながらイメージを喚起し、**出会いと対話**の生彩を高めていく「ダイアローグ的想像力」の育みを伝える絵本として、『マドレンカ』の続編『マドレンカのいぬ』（❖4）は、いっそうその点を強調しています。ニューヨーク・マンハッタンの集合住宅に住むマドレンカは、犬が飼いたいのに飼えません。アパートの中で犬の絵を描きつづけていたマドレンカは、ある日耳もとに小犬の動きを察知します。「いっしょに散歩にいこう」とリードをつけた姿の見えない犬とともに道に出ます。まず、パン屋のガストンさんに出会い「私が飼いはじめた犬よ」というと、彼は「ぼくも犬飼っていたことあるよ、こんにちは、小犬ちゃん」と応答。道行くおばあさん、楽器を持っている人、路上で絵を描いている日本女性、みんなにマドレンカは「ハーイ、みなさん、

❖4
ピーター・シス、松田素子訳『マドレンカのいぬ』BL出版、二〇〇四年

私の犬好き?」と尋ねます。それぞれが「イエス!ヤ!ハイ!」と答えます。

人と人の出会い・対話・ダイアローグでは、発信者の発話の意図することを読み、**相手の想いを慮る、相手の立場に思いをめぐらす、包み込む関係**が大切です。それがなければ、マドレンカは「バカ」にされ相手にされません。このシーンでは、発信者と受信者の間に**包み・包まれる相互活性化の「あいだ」**が生成しています。大都市という匿名性の高いところで、このようなことが成り立つには、市民が子どもとの出会いの対話において、子どもの発話を「状況づけられた発話」として柔軟に受けとめ、子どもの視点・立場に立って、臨機応変に発話をする、あるいは言葉による応答でなくても最低限、身振り、手振り、笑顔でもって応答できる、子どもを**包み込むような態度**が必要なのでしょう。

マドレンカは、そんなコミュニティ・ビタミンの大切さをアピールしているように思います。

23 合意形成のしなやかなかたち

都会慣れした鷹

ニューヨークは都心マンハッタンに鷹が住んでいます。その実話をもとにした絵本です（❖1）。

主人公はシッポの赤い鷹「アカオノスリ」。鷹といえば、崖の上、高木の上など背の高いところに住み、そこから下界を見下ろし、小さな生き物たちの動きを見逃しません。アカオノスリは地上を走るネズミを見つけて急降下し、くちばしにネズミをくわえたままどこに飛んでいくのでしょうか？ニューヨークのメトロポリタン美術館のある方向です。

このアカオノスリは「シティ・スリッカー」（都会慣れした鷹）なのです。

アカオノスリの夫婦は、高層アパートの最上階の窓の上に棲み家をつくっています。そこには天使像の上に鳩が入りこ

❖1
Jeanette Winter *The Tale of PALE MALE-A True Story*, Houghton Mifflin Harcourt, 2007（ジャネット・ウィンター、福本友美子訳『ニューヨークのタカ ペールメール――ほんとうにあったおはなし』小学館、二〇〇八年）

まないよう忍び返しのついた小さな居場所があり、二羽の鷹は木の枝を次々と持ち運んできて、安心できる巣をつくりました。地上では、バード・ウォッチャーたちが二羽の鷹を見つけ、人々はペールメールとローラと名づけました（普通の鷹よりも色白い〈ペール〉、オス〈メール〉）（❖2）。

五番街のペントハウスに巣をつくった雄鷹ペールメールと雌鷹ローラ。ペールメールはローラが母となるように、次々と獲物を運んできます。ローラが食べた鳩の羽根や骨がアパートの下の階に住む人のバルコニーに落ちていきます。それを見た居住者たちはいい気分ではありません。

春ランマンの頃にタンポポのよ

❖2
ペールメールとローラ。ヒナがいるのでしょうか

うにフワフワの柔かいヒナが生まれました。ママもパパもおなかのすいたヒナのためにひんぱんにエサを運びます。ヒナドリたちはやがて飛び立つ練習を始めます。親鳥にならって、高層建築の屋上から屋上へとパタパタと、スーッと横飛び、また上空からの急降下などを次々とやってのけます。鷹の家族はすっかりニューヨークで有名となりました。

対立を対話に変える

しかし、「骨や汚いものが落ちてくるのはイヤだ」と、鷹をきらうアパートの住人たちは、一二月の冷たい雨の降る日、バード・ウォッチャーのいないときに鷹の巣を撤去してしまいました。翌日から数百人の野鳥愛好家たちは、鷹の巣撤去への抗議行動を重ねます。対立を対話にする取り組みがなされました。野鳥愛好家たちとアパート管理委員会は話し合いました。鷹が新しい巣をつくることを、アパートの住人たちが納得するところまで、野鳥愛好家たちは粘り強い交渉をしました。この絵本の中では、そのいきさつは簡単にしか触れられていませんが**トラブルをドラマに変えました。**「ワー、勝ったぞー」と鷹大好きウォッチャーたちは歓声。鳩よけ忍び返しが再びつくられ、ペールメールとローラはその中に集めた枝で新しい巣をつくりました（❖3）。

車と人の激しく行き交うニューヨークど真ん中で、今日もアカオノスリはまたとない安心な棲み家に住み続けています。

生命あるものとの共生

先にも触れたように、これは本当にあった物語です。絵本の末尾解説を参照してみましょう。ニューヨーク・マンハッタンに初めてアカオノスリが発見されたのは一九九一年の由。一九九三年には、五番街九二七番地の通り沿いの二〇階建てアパートの最上部に巣をつくりました。野鳥愛好家たちは鷹たちを守り続けました。ペールメールは「最初の愛」「チョコレート」「ブルー」「ローラ」など七羽のパートナーに恵まれ、二〇羽以上のヒナの父になりました。

❖3　ペールメールとローラは新しい巣のために小枝を集めました

鷹をきらったアパート住人たちは二〇〇四年一二月七日、八フィートの幅の巣と鳩よけ忍び返しの撤去を行いました。野鳥愛好家たちは奮い立ち、アパート管理委員会との粘り強い抗議と対話活動によって、ペールメールたちは棲み家を取り戻すことができました。

摩天楼そびえたつニューヨークのマンハッタンでの鷹の巣をめぐるエピソードには、これからの都心・まち中での**環境と共生する**まち育てのあり方が示唆されています。野生の生物の代表、しかも生物界の食物連鎖の最上位に位置する鷹が棲むことを許容し、持続させる市民の発想力と活動力が注視されます。ここには、生命に対する感受性、**状況への直感力**、有機体としての地域社会づくりの観点から、これからのまち育ての思想の核心がのぞいています。「**生命に対する感受性**」をもって都心に住み働くことは、やさしさやしなやかさをもってそのまちを内側から育む可能性を高めることにつながります。

ニューヨークの鷹物語とはスケールと状況が大分違いますが、名古屋の都心錦二丁目長者町地区では、ツバメが「都市の大家族」の一員として見守られています。繊維問屋の建物の駐車場に毎年ツバメが巣をつくるとき、ヒナが育つまで週末も「ツバメの巣立てシャッター一〇センチ」のスキマを空けて、建物内の駐車場の梁に寄り添って作られた巣に親鳥が近づけるように心配りがなされています。

また別の繊維問屋の経営者は、店の前の歩道と車道の隅に咲くスミレの花を大切に育てています。彼はスミレのように「カレンさとしたたかさ」をもってまちの育み活動を実践しています。ニューヨークの市民も名古屋の市民も、醒めた思考を超えて、野鳥や野草が都心に生存することの意味——生命あるものとのつながりのある暮らしと、無機的都市空間に有機的**生命体としての場所の育み**——を**直観**しています。彼らは、人間は状況から疎外された観客ではなく、生命の連鎖としての「宇宙の一部として宇宙のドラマに直接**参加する**存在(注1)」であることを直観しています。加えて、ワイルドな生き物の生存が危ぶまれる危機的状況が起こったときには、「**状況とまともに向かい合う**」生きる姿勢に貫かれています。

注1
モリス・バーマン、柴田元幸訳『デカルトからベイトソンへ—世界の再魔術化』国文社、一九八九年

生命のみなぎる人とまち

ニューヨーク鷹物語は、生命のみなぎる人とまちの育みの可能性が何と鮮やかに表現されているのでしょうか。しかし、この物語で気がかりなことは、鷹の巣を撤去したアパート住人と鷹愛好家たちの間の、鷹の巣をつくることの**合意形成**プロセスです。先にも書いたように、詳細はわかりませんが、推察するに、マンハッタンに鷹が棲むことの意味が、話し合

いの中で深められていったのではないでしょうか。主題の意義づけや思想面だけでなく、今ひとつ手続きや制度的にも、深いレベルに達する交渉があったのではないでしょうか？

市民が望む暮らし・状態が損なわれようとするとき、どのようにプロテスト（抗議）しつつ乗り越えの方策を実現するのかという点では、バージニア・リー・バートンの『ちいさいケーブルカーのメーベル』（❖4）が示唆的です。その絵本は、サンフランシスコのケーブルカーをめぐる物語です。サンフランシスコのケーブルカーは一八七三年に生まれ、二〇世紀半ばになって大型バスに押されて、一九五〇年ごろに廃止が議会で決定されようとするとき、ケーブルカーを愛好する市民たちが立ち上がり、住民投票で議会の意向を覆し、ケーブルカーを守りました。その史実にもとづいてつくられた絵本です（❖5）。住民投票を実行するためには請願書が必要であり、住民投票が議会決定を上回る意思決定の仕組みであることが、絵本の中に明らかにされています。

「ペールメール」と「メーベル」のお話には、市民が大切にし**愛着**をもっているモノ（生き物もケーブルカーも）を**守り育む**状況づくりに**参加する**思考と活動が生き生きと描かれてい

❖4
バージニア・リー・バートン、かつらゆうこ・いしいももこ訳『ちいさいケーブルカーのメーベル』ペンギン社、一九八〇年

ます。そこには「生命のみなぎる自己」と「生命のみなぎるまち」を育む可能性がインパクトの強い物語として表現されています。

生命のみなぎる人とまちを育むことに向けて、絵本の発想を**まち育て**の現場で活かしていきたいものです。

❖5 みんなに囲まれるメーベル

24 まちの魂を歌う

まちの魂を回復・再創造する

最近の話題書『都市はなぜ魂を失ったか』(注1)は、都市のオーセンティシティ——歴史的由来と新しいはじまりが、人間と都市の間に生成するホンマモンの感覚を生むこと——について、理論的に書かれています。「魂」は、現在ではほとんど死語に等しい言葉と化してしまった感が否めませんが、都市の魂は、市民の都市へのかかわり・体験によって生成する「新しいはじまり」の実感に由来するという意味では、きわめて大切なことです。「**新しいはじまり**」は抽象的にきこえますが、**まちの魂**＝市民のパッションを、具体的に生きられた都市体験として描いた物語絵本があります。『町にながれるガブリエラのうた』(❖1)です。この絵本は、ガブリエラという女の子の口ずさむメロディーによってベニスのま

注1
シャロン・ズーキン、内田奈芳美・真野洋介訳『都市はなぜ魂を失ったか——ジェイコブズ後のニューヨーク論』講談社、二〇一三年

❖1
Candace Fleming, Illustrated by Giselle Potter, *Gabriella's Song*, Atheneum Anne Schwartz Book, 1997
(キャンデス・フレミング、ジゼル・ポター絵、こだまともこ訳『町にながれるガブリエラのうた』さ・え・ら書房、二〇一五年)

ち全体が引きこまれていく物語です。
ベニスといえば、一六世紀にフィレンツェがメディチ家の独裁におちいり、ローマが外国軍隊に蹂躙され自由を失った時代にも、ベニスだけが輝かしい共和制を貫き、自由と独立を謳歌し、表現の自由を求める文化・芸術が盛んでした。ベニスは他都市のように閉じた特権的な宮廷文化を生み出すことなく、貴族・上層市民は自分たちの楽しみばかりか、常に民衆のために見世物や祝祭を提供するという開かれた都市文化運営を行いました。(注2)

ベニスは、音楽のまちでした。コンチェルト(声楽と器楽が共演するアンサンブル)も、アリア(オペラなどに現れる旋律的な独唱曲)も、教会や宮殿、広場や住居、舞踏会場や道路など、あらゆるところで聴くことができました。ベニスほど、音楽の情熱がまちの中に流れている都市はないといわれるほどでした。

オペラは、もともとフィレンツェの宮廷でルネサンスの末期、一五九七年に誕生しますが、一六〇七年にベニスに移り育まれました。一七世紀末、ベニスにはオペラのための劇場が約一五あるほどに栄えました。オペラは劇場だけでなく、

注2
陣内秀信『ヴェネツィア——水上の迷宮都市』講談社、一九九二年、四四・一八四頁

広場や中庭などオープンスペースでも演じられました。

オペラは、物語と歌の完璧な統合によって、ベニスの人々の心をとらえました。オペラは聴衆を笑わせ、泣かせ、感動に包みこみ、陽気にさせました。ベニスの人々はこの新しい芸術を抱きしめるように愛し、その活動を通して人間・都市・文化のゆるやかなつながり——**まちの魂**が育まれていきました。そのことをやさしい物語と魅惑的なイラストによって表現している絵本『町にながれるガブリエラのうた』を大急ぎひもといてみましょう。

魂の訪れ=音連れ

ベニス。「世界中で最も美しいリビングルーム」とナポレオンをしていわしめたサンマルコ広場のまち。

グランド・キャナル、ゴンドラ、サンマルコ寺院、ラグーナなど著しい魅力あふれるまち。しかし、ガブリエラという女の子にとっては、ベニスはそれ以上のところでした。ベニスは音楽のまちでした。

マーケットプレイス（市場）から自分の家へ帰るとき、彼女が耳にしたもの売りの人々の「ピチピチの魚やで」「焼きたてのおいしいパンやで」などのかけ声は、ガブリエラにはメロディーのように聴こえました。彼女は運河につながれたボートが岸壁に当たる音のリズムに耳を澄ましました。路地をまたいで干してある洗濯物のハタハタ、鳩の羽根のパタパタ、教会の鏡のリーンリーンという音色……。ガブリエラの耳には、お互いにハモりあった心地よいメロディーに聴こえました（❖2）。まち中に発生する多様な音を雑音と聴かずに、妙なる調べとして聴くことは、マリー・シェーファーのいうサウンドスケープに通じるところがあります。でも単なるサウンドスケープではありません。ガブリエラは、人の声もモノの音もまるでエコーする木霊のようにハーモニーする音色として耳を傾けています。そして人の魂と自然の魂とモノの魂が合奏するサウンドスケープに想像力を委ねています。多様な音を束ね、メロディー（旋律）、ハーモニー（和声）、リズムのつながりのあるひとつの歌に仕立てることは、想像力のなせるわざです。ガブリエラは、イマジネイティブな交感のサ

❖2
ハタハタ、パタパタ、リーンリーン……まちではさまざまな音がメロディーを奏でている

ウンドスケープづくりをしているのです。

ところで、聴覚的知覚と「魂」の交感の関係について考える際、「音」という漢字に関心を向けてみると、興味深いことがわかります。白川静の『字訓』によれば、「音」はもともと神の「訪れ」を示すものであるとされています。[注3]

子どもは**想像力**を介して自然と語り合い、自分自身と話をしていきます。このような子どもが持つ想像力は、人間を超えた能力という意味で「自然の魂」（ワーズワース）と呼ばれます。この絵本のガブリエラも「自然の魂」を発揮して、まちの多様な音を森羅万象の**魂の訪れ**＝音連れとして聴きとっているのではないでしょうか。

注3
結城正美『水の音の記憶―エコクリティシズムの試み』水声社、二〇一〇年、一〇三・一〇四頁

まちの魂を伝える歌の力

「都市的不協和音」を超えて「まちの協和音」に耳を傾けられるガブリエラは、パンを買いにいくときも「まちの協和音」にひたされた自らの歌を口ずさみます。そのメロディーを聴いたパン屋のおやじは、ガブリエラの歌をハミング。誰の心にもとまる妙なる調べは、未亡人、ゴンドラのこぎ手、

主婦、働く人、子どもたちへと次々と伝わっていきました。ガブリエラの歌は通りから通りへ風に運ばれて流れていき、ベニスのまち中に鳴り響きわたります。

しかし、作曲家のジゼッペ・デレ・ピエトロさんだけが、数週間後に迫っているサンマルコ広場での演奏会のための作曲が進まずに悩んでいました。ふと窓を開けると、魔法のように、素晴らしい歌が彼の耳に飛び込んできました。ガブリエラの歌に作曲家は電撃的に打たれ、新しい交響曲の中にガブリエラの歌が生かされました。

数週間後、ベニスのあちこちから音楽愛好家たちが、ジゼッペの新曲を聴くためにサンマルコ広場に集まりました（❖3）。

聴衆は、デレ・ピエトロの最高のシンフォニーを通じて、幸せと悲しみと愛を聴きとりました。終わると拍手カッサイ。指揮者は「数週間前、私をインスパイアー（鼓

❖3
音楽愛好家もゴンドリアーも未亡人もパン屋さんも、そしてガブリエラも、まちのみんながシンフォニーに酔いしれた

舞）してくれる歌に出会いました。その歌を歌っていた方にお礼を申し上げたい」と。

インプロヴァイザー（即興演奏家）のガブリエラが歌うメロディーは、まわりの人々の心を動かし、感動を呼ぶ力となりました。その理由は、人間・環境の**相互浸透体**が発するまちの**生命力**を直感的に瞬間的に創造的に表現しているからではないでしょうか。まちを歩き、まちに触れ、まちに感じる空間体験と自分自身の感覚とのマッチングを映し出した歌声は「まちの魂」を感じさせました。**ひととまちの間の交感**の調べを通じて、次から次へと多様な人々に「まちの魂」が伝わっていく様子が、この絵本には見事に表現されています。

現代は何ごとも「モノ・カネ・セイド」のシステムの枠内で処理する合理的思考・行動が溢れすぎていますが、それがもたらす現代世界観の硬直（こり）を揉みほぐす可能性を高めるために、ガブリエラのような生活者の都市へのかかわり・体験によって生成する「**新しいはじまり**」のショックを生起させる、「**まちの魂**」の表現の場を生み出していきたいものです。

＊

今、これを執筆しながら聴いている音楽は、イギリスの作曲家オーランド・ギボンズ（一五八三―一六二五年）による『町の喧騒、そして知識人の瞑想――「ファンタジア」「イン・ノミネ」そして「ロンドンの物売りの声」』（VJCC-2340）です。イタリアで揺籃期を過ごし、演奏のメディアとして成長したヴィオラ・ダ・ガンバ（脚のヴィオラの意。チェロのように脚にはさんで演奏する）が演奏するファンタジア（室内楽）の教本は、その真価を「心の内面にとって非常に適応する心地よいもの、魂のために大切な内密さ……」と説明しています。「ロンドンの物売りの声」は、八〇以上の物売りの声で構成されています。ガンバ音楽の響きの安らぎとユーモアに満ちた楽しい物売りの声のアンサンブルは、まるで「ガブリエラの歌」を思わせてくれます。

あとがき

僕は、生活者、住民が主人公となる住まい・まち育てのスメのための全国行脚をしています。その際、必ず「マジック・ランタン・パーティ」方式で絵本のプレゼンテーションをします。「マジック・ランタン・パーティ」とは「幻燈会」のことです。宮沢賢治の『注文の多い料理店』の中の「雪わたり」という小品がありま す。その中に子狐の紺三郎が四郎とかん子を幻燈会に招待する下りがあります。その英文訳によれば、幻燈は"Magic Lantern Party"なのです。現代的な言い方「スライド・ショウ」の「スライド」は単にコマが横に滑るという機能的・機械的な表現なのに、「幻燈」は「燈(ともしび)の向こうに幻(まぼろし)が見える」という想像力を喚起されます。加えて「マジック・ランタン・パーティ」は、まさに魔法の燈のもとに人々が出会い想いを分かちあう意味を感じさせてくれます。

この本を書き終えた今の僕の夢は、ここで取り上げた絵本で、「まちづくり絵本大集合幻燈会」を開くことです。かなうことなら『セロ弾きのゴーシュ』や『ガブリエラの歌のピアノ弾き』(24章参照)たちと、「音楽と絵本とまちづくりの響きあうひととき」をもちたいなぁ。そして暴力的な仕方で世界の壊れが進行する現代にあって、それを繕い超えていく方向感を「絵本の力」によって分かちあっていきたいと強く念じています。

『きままに　やさしく　いみなく　うつくしく　いきる』(4章参照)にあるように、対立をするのか協働するのかの分岐点をめぐって、「おれたちは　ちから」になるためには、「いのちはわになる」状況づくりと「いのちをおどる」主体は関わりをもって、暮らし・まちづくりにひとりひとり個性的に参加することが、時代の底から求められていると痛感するこの頃です。

僕が今関わっている名古屋の都心錦二丁目長者町地区では、毎日のように会合や活動があります。ゆうべは夜の一〇時から、長者町通りの「ウッドテラス」で「ナイト・ピクニック」が行われました。「ウッドテラス」は、地域主導で歩道拡幅をして作られた場所です。豊田市の山奥の間伐材で作られました。ウォッカ入りホットワインをもってくるレストランのシェフ、ピザを差し入れするまちの経営者、仕事帰りの若い男女たちが集まります。「車のまちから人のまちへ」と都心地区の変化の方向感を楽しみながらトキを分かちあいました。

今晩は、まちの人々と行政と専門家らで「公共空間デザイン部会」のミーティングが開かれます。そこではこの半年間やってきた道路の歩道と車道の空間配分を現在のものと大きく変える社会実験の評価の議論が行われるでしょう。歩道を散策に利用する来訪者と営業活動の利便の場とみる営業者とは価値観がバッティングします。しかし自由な公共空間を利用しようとすると、必ず行政側の制度とぶつかります。決められた基準内にはおさまらないからです。対立を対話に変え、絵本のようにヒト・モノ・コト・トキの流れの中で、総括的・長期的には「他者理解」が進むような流れが果たして生まれるでしょうか。予断を許しませんが、「ソロバン勘定」重視の人々が多い都心のまちづくりの複雑この上ない現場で、「わがまち感情」を育みながら創造的なまちづくりにアプローチするには、絵本に見られるような、発想の転換は最も重要なことです。

だから僕は心が柔軟になるために、多くの人に絵本を進めてきたのです。絵本は子どものためのもの、というのは、絵本の力をみくびっているのです。

社会経済的な大きな力で、まちが変動を余儀なくされ、まちが衰退しても、人々の身体の中に眠っている想像力という小さな力が、呼び覚まされ顕在化していくとき、ひととまちは内側から変わり始めていくのです。

本書が少しでも、ひとりひとりの生き方とまちの生き方を育むことにつながれば、筆者としてこんなにうれしいことはありません。

*

本書成立にあたり、多くの方々のお力にあづかりました。雑誌『建築ジャーナル』で「絵本のなかのコミュニティ・ビタミン」を二四回連載させていただきました。同誌のご協力と編集者の酒井直子さんの励ましに支えられたことに謝意を表したい。連載原稿を配列し直し、「序」等を加筆して本書は出来上がりましたが、その際に晶文社の足立恵美さんが、拙稿の至らなさをリファインしてくださいました。

深謝をささげます。原稿内容のチェックやワープロ打ち等は、「ＮＰＯまちの縁側育くみ隊」事務局長の名畑恵さんに支えてもらいました。心からありがとう。長者町に集まる人々からも多様な刺激とエネルギーをいただいていますが、伊藤早苗さんにはフランス語絵本の翻訳で助けられたことに感謝します。

前著『こんな家に住みたいナ―絵本にみる住宅と都市』（晶文社、一九八三年）もそうでしたが、僕がそもそも絵本に関心をもったのは、七〇年前第二次大戦後の大阪南河内の疎開先で家に一冊も絵本がなかった時、母がご近所さんから借りてきてくれた絵本との出会いにあります。絵本好きになるきっかけをつくってくれた九六歳の母と今は亡き父の霊前に、本書を捧げたい。

延藤安弘

二〇一五年二月

【初出一覧】

本書は2013年1月号～2014年12月号『建築ジャーナル』連載の「絵本のなかのコミュニティ・ビタミン」をもとに加筆訂正したものです。

著者について

延藤安弘（えんどう・やすひろ）

1940年大阪生まれ。京都大学大学院博士課程中途退学、生活空間計画学専攻。熊本大学、千葉大学、愛知産業大学、国立台湾大学客員教授などを経て、2003年からNPO法人まちの縁側育くみ隊・代表理事。著書に『こんな家に住みたいナ—絵本にみる住宅と都市』『まちづくり読本』『これからの集合住宅づくり』（晶文社）、『集まって住むことは楽しいナ』（鹿島出版会）、『マンションをふるさとにしたユーコート物語』（昭和堂・共著）、『まち再生の術語集』（岩波新書）など多数がある。

こんなまちに住（す）みたいナ—— 絵本（えほん）が育（はぐく）む暮（く）らし・まちづくりの発想（はっそう）

2015年3月30日　初版

著　者　　延藤安弘

発行者　　株式会社晶文社

東京都千代田区神田神保町1-11

電　話　　03-3518-4940（代表）・4942（編集）

URL　　http://www.shobunsha.co.jp

印刷・製本　　中央精版印刷株式会社

ISBN978-4-7949-6875-3 Printed in Japan